BOTANISCHE ABHANDLUNGEN

AUS DEM GEBIET

DER MORPHOLOGIE UND PHYSIOLOGIE.

HERAUSGEGEBEN

VON

Dr. JOHANNES HANSTEIN,

PROFESSOR DER BOTANIK AN DER UNIVERSITÄT BONN.

ZWEITER BAND.

Mit Beiträgen von Fr. Schmitz, E. Warming, L. Koch, C. Delbrouck.

MIT 21 TAFELN.

BONN,

BEI ADOLPH MARCUS.

1875.

DIE

PFLANZEN-STACHELN.

VON

DR. CONRAD DELBROUCK.

MIT 6 LITHOGRAPHIRTEN TAFELN.

BONN,
BEI ADOLPH MARCUS.
1875.

Inhalt.

Die Pflanzen-Stacheln.

Die Pflanzen-Stacheln.

Das nahezu gleichzeitige Erscheinen von fünf Arbeiten, welche sämmtlich die Pflanzen-Stacheln ausschliesslich oder doch vorzugsweise zum Gegenstande haben, und deren Verfasser meist gar keine, oder doch nur eine unvollständige Kunde der gleichzeitig gemachten Untersuchungen besassen, lässt es wünschenswerth erscheinen, die verschiedenen in diesen Arbeiten niedergelegten Resultate an einem Orte vereinigt, geprüft, ergänzt und wissenschaftlich verwerthet zu sehen. Diese Sichtung und Ergänzung des in neuester Zeit über die Stacheln zu Tage geförderten Materials, so wie die Verarbeitung desselben zu einem Ganzen, das uns einen Ueberblick über den gegenwärtigen Stand unserer Kenntniss dieser Gebilde und ihres Verhaltens zu anderen Organen giebt, ist der Zweck der vorliegenden Arbeit.

Bevor ich näher auf die Pflanzen-Stacheln eingehen kann, muss ich zuvor mich bestreben, das in Betracht kommende Gebiet zu umgrenzen, soweit dieses bei der Menge von Mittelformen, welche die verschiedenen Organ-Gruppen mit einander verknüpfen, überhaupt möglich ist.

Stachel nenne ich ohne Rücksicht des morphologischen Werthes ein Organ, das in eine starre Spitze endigt, die im Stande ist, weichere Körper zu verletzen. Die hier zu besprechende Organ-Gruppe ist demgemäss eine rein physiognomische, auf Merkmale der Analogie gegründete.

Es fallen unter dieselbe ausser den gewöhnlich als Stachel bezeichneten Gebilden noch die Dornen, Stachelborsten, Brennhaare, Hakenborsten, Blattzahn-Stacheln etc. Der Name »Stachel« in dem hier von mir aufgestellten Umfange fällt demgemäss nahezu zusammen mit De Candolle's Bezeichnung »piquant« [1]).

Litterarisches.

Die ältere Litteratur über die Pflanzen-Stacheln ist recht dürftig, und selbst das Wenige, was über dieselben geschrieben ist, findet sich hier und dort in andern Abhandlungen als gelegentliche Bemerkungen zerstreut oder in Lehrbüchern anmerkungsweise erwähnt: ein umfassenderes Werk über diese Gebilde existirt nicht. Dazu kommt noch, dass wir oft bis zum Ueberdruss von verschiedenen Schriftstellern mit neuen Worten das Alte wiedererzählt finden, dass endlich zwar Mancher eine neue Meinung über ihre Entstehung geäussert hat, doch äusserst Wenige sich die Mühe gaben, ihre Ansicht zu beweisen. Wir finden daher bezüglich der morphologischen Bedeutung dieser Gebilde zwar manche Conjekturen, aber fast gar keine Thatsachen. Dass es unter den obwaltenden Umständen fast unmöglich ist, eine ganz vollständige Litteratur-Angabe zu bringen, ist einleuchtend, und habe ich dieses auch um so eher unterlassen zu dürfen geglaubt, als bei der Beschaffenheit dieser Litteratur ihre vollständige Aufzählung wissenschaftlich fast werthlos gewesen wäre, und mich damit begnügt, das zu erwähnen, was mir zur Charakterisirung der jeweiligen morphologischen Anschauungen von besonderer Wichtigkeit zu sein schien.

Sehen wir von einigen Angaben aus dem Alterthume (z. B. von Theophrast) ab, welche einfach das Vorhandensein von Stacheln constatiren, ohne auf deren Struktur einzugehen, so ist die erste genauere Notiz, die wir über diesen Gegenstand besitzen, meines

---

[1]) In seiner Dissertation hatte Verfasser die stacheligen Bildungen (piquans), für welche kein besonderer Collektiv-Name aufgestellt war, eingetheilt in Stacheln und Dornen, mehr aus Pietät gegen das Hergebrachte, als aus morphologischen Gründen. Doch da wir in der Natur drei gleichwerthige Organ-Gruppen finden, so ist die im Namen gegebene Zweitheilung nicht durchzuführen, ohne der Natur Zwang anzuthun. Desshalb zog Verfasser es vor, den Namen »Stachel« als Collektiv-Begriff über die ganze Gruppe auszudehnen und den Namen »Dorn« als Bezeichnung einer morphologischen Gruppe ganz fallen zu lassen.

Wissens von Hooke[1]). Derselbe untersuchte die Brennhaare von *Urtica* und gab eine Abbildung derselben, welche für seine Zeit gar nicht schlecht ist. Die Art und Weise der Entleerung des Giftes durch Druck auf den untern erweiterten Theil der Haarzelle giebt er ganz richtig an.

Malpighi[2]) ist der Erste, der eine grössere Anzahl stacheliger Pflanzen mikroskopisch untersucht hat. Er widmet ihnen nebst den Haaren ein ganzes Kapitel seiner Anatome plantarum. Seine Darstellung hat vor den meisten der spätern Schriftsteller den Vorzug, dass er die unmerklichen Uebergänge, welche zwischen den verschiedenen hierher gehörigen Gebilden existiren, richtig erkannt hat. Weit entfernt, die Natur in ein von ihm aufgestelltes Schema hineinzwängen zu wollen, beschreibt er schlicht und einfach die Gebilde so wie sie sind, und nimmt es ihnen nicht übel, wenn sie ihn unmerklich aus einem Gebiete in das andere hinüberführen. So schreitet er von den einfachen Trichom-Stacheln (*Borragineen, Cucurbitaceen* etc. continuirlich fort zu den complicirteren Stacheln der *Rosen*, und auch von diesen constatirt er wieder eine lückenlose Reihe bis hinauf zu den Kaulom-Stacheln von *Citrus, Ononis* und *Crataegus.*

Grew[3]) sucht eine schärfere Scheidung der stachelartigen Gebilde durchzuführen. Er stellt zwei Classen derselben auf: Holz-Stacheln und Rinden-Stacheln (Lignous thorns and cortical thorns). Als Beispiel für die erstere Art wird *Crataegus oxyacantha* angeführt und angegeben, dass dieselben ihren Ursprung aus dem Holzkörper zunächst dem Mark nehmen. An diese typische Form werden die ebenfalls von der Rinde umhüllten Stacheln von *Berberis, Ilex, Genista, Carduus* etc. angeschlossen. Dieselben entstehen aus den äussern, weniger fruchtbaren Schichten des „lignous body.“ Die Cortical-Stacheln (*Rubus*) gehen entweder ganz oder doch fast ganz von der Rinde aus: höchstens betheiligen sich die äussersten Schichten des Holz-Körpers an ihrer Bildung. Ferner wird den Holz-Stacheln die Tendenz zugeschrieben, aufwärts zu wachsen; den Rinden-Stacheln, abwärts zu streben. Grew's Eintheilung, die seither sich wie ein rother Faden durch alle Beschreibungen dieser Gebilde hindurchzieht, ist wohl die

---

[1]) Hooke: Micrographia. London 1665.

[2]) Malpighi: Anatome plantarum. 1668 tomus II, de pilis et spinis.

[3]) Grew: The anatomie of plants. London 1681.

erste Andeutung einer Sonderung in Stacheln und Dornen, die später dadurch, dass man die Mittel-Formen ausser Acht liess, Anlass zu manchen Verwirrungen gab.

Auf Guettard's[1]) grosse Arbeit hier näher einzugehen, ist wohl nicht nothwendig, da dieselbe von Weiss und Martinet so weitläufig erwähnt wird, dass ein nochmaliges Referat über dieselbe ganz zwecklos erscheint. Ich bemerke nur, dass in derselben mehr Material niedergelegt ist, als in allen spätern Trichom-Arbeiten bis auf Weiss. Einzelne Irrthümer, die in derselben vorkommen, sind hinlänglich entschuldigt durch die Mangelhaftigkeit der Instrumente; die Gesammt-Resultate sind jedoch derart, dass sie bis auf die neueste Zeit die Grundlage aller Trichom-Arbeiten bildeten.

Da Guettard die Trichome als Organe der Sekretion ansieht und ihren Bau von diesem Gesichtspunkte aus ins Auge fasst, so kommen die Stacheln am übelsten weg. Nach ihm besitzt jedes Trichom ein Fussgestell (mamelon) und demzufolge unterscheidet er: glandes (Drüsen): flache Hervorwölbungen des Gewebes, ohne differenzirtes Haar; poils (Haare): ein derartiger Höcker trägt einen dünnen, nicht starren Fortsatz; épines (Stacheln): der Fortsatz ist so starr, dass er verwunden kann. Von den Stacheln sagt er, dass sie auf dem Stengel sowohl wie auf dem Blatte vorkämen, dass sie im letztern Falle sich fast stets auf den Nerven und fast nie in den Maschen fänden, dass, wenn nur die eine Blattseite Stacheln trüge, dieses stets die untere sei etc. Ihrer Funktion nach hält er sie sowohl wie die andern Trichome für Ausführungs-Gänge von Drüsen.

An Guettard's Arbeit schliesst sich an das fast ein halbes Jahrhundert später erschienene Werkchen Schrank's[2]). Es steht noch fast ganz auf dem Standpunkte Guettard's und ist nicht viel mehr als ein mehrfach ergänzter Auszug aus dem erstern. Guettard's Eintheilung nimmt er mit geringen Modifikationen an, erhöht jedoch ihre Uebersichtlichkeit dadurch, dass er den einzelnen Typen eine kurze, aber bündige Charakteristik beifügt. Was die Funk-

[1]) Guettard: Sur les corps glanduleux des plantes, leurs filets ou poils et les matières qui en sortent.

Mémoires de l'Académie royale des sciences. Paris 1745—1759.

[2]) Schrank: Von den Neben-Gefässen der Pflanzen. Halle 1794.

tion der Haare anbetrifft, so hält sie Schrank im Gegensatze zu Guettard für einsaugende Organe. Ausserdem haben sie den Zweck, die Pflanze gegen die Folgen zu schnellen Temperatur-Wechsels zu schützen, die Organe in der Knospenlage vor Druck zu bewahren, die Verbreitung des Samens zu erleichtern, und sie fungiren endlich häufig als Kletter-Organe etc.

Wenn Guettard für die einfacher gebauten Trichom-Stacheln bis in die neueste Zeit als Auctorität galt, worauf sämmtliche spätere Schriftsteller recurrirten, ja oft ihn ohne Weiteres abschrieben, so muss man, was die übrigen Stachel-Bildungen anbelangt, denselben Rang unstreitig Duhamel[1]) zuerkennen. Fast Alles, was wir bis in die neueste Zeit über die complicirteren Stachel-Formen wissen, findet sich schon in seiner Physique des arbres. In Betreff der einfachen Trichome begnügt er sich, die fast gleichzeitigen Resultate Guettard's zu citiren. Dagegen bringt er über die zusammengesetztern Stachel-Bildungen ganz ausgezeichnete anatomische Details. Im Anschluss an Grew's hierauf bezügliche Untersuchungen hat er eine grössere Anzahl von zusammengesetzten Stacheln einer eingehenden Bearbeitung unterworfen und über die Morphologie derselben, insoweit es die damaligen Beobachtungs-Methoden erlaubten, Aufschluss gegeben. Die anatomische Untersuchung der Rosen-Stacheln zeigte ihm, dass dieselben, wie es schon Grew für Rubus constatirt hatte, in keinem unmittelbaren Zusammenhange mit dem Holzringe standen, sondern dass sie dem Rinden-System angehörten, aus dem sie hervorgingen »wie die Nägel des Menschen aus der Haut«. Im Gegensatze hierzu constatirt er bei den Stacheln von *Prunus, Citrus* etc., dass die Mittellinie des ganzen Gebildes eingenommen sei von einem soliden, dem Holzgewebe angehörigen Kerne, den das stachelbildende Gewebe einkleide »wie die Hörner des Ochsen den soliden Knochenkern«.

Es lässt sich nicht leugnen, dass Duhamel in dieser schon von Grew angebahnten Aufstellung zwei Grund-Typen aufgefasst hat, um die sich eine grössere Anzahl von Formen gruppirt, und zwar sind diese Typen um so beachtenswerther, als wir bei den charakteristischen Repräsentanten zweier morphologischer Gruppen (Trichom-Stacheln und Kaulom-Stacheln) diese Struktur typisch wiederkehren sehen. Duhamel

[1]) Duhamel de Monceau: Physique des arbres. Paris 1758 livre II chapt. IV.

hat jedoch hiermit durchaus nicht sämmtliche Stacheln eintheilen wollen in solche, die mit dem Holzringe in Verbindung stehen und in solche, bei denen dieses nicht der Fall ist, sondern er hat nur zwei Typen aufstellen wollen, von denen der eine auf eine bestimmte Art aus dem Rinden-Gewebe hervorginge, der andere aber durch eine bestimmte typische Betheiligung des Holz-Gewebes zu Stande käme.

Nach diesem Schema sämmtliche Stacheln in zwei Gruppen einzutheilen fällt ihm nicht ein, wie eine ganze Anzahl von Beispielen zeigt, auf die er sich gar nicht bemüht, diese Eintheilung anzuwenden, sondern die er ganz ruhig nebenhergehen lässt. Dieses Schematisiren ist erst das Werk Späterer. Abgebildet hat er eine Anzahl von Stacheln bei *Rosa, Gleditschia, Citrus, Berberis, Prunus, Ilex, Fagus, Aesculus* etc. und zwar sind diese Abbildungen meist ganz gut gelungen. Auch das Verschwinden gewisser Arten von Stacheln (*Prunus* etc.) durch die Cultur ist ihm bekannt.

Linne[1]) theilt die Stacheln ein in spinae und aculei. Dieser Eintheilung liegt Grew's Unterscheidung von lignous und cortical thorns zu Grunde: die »spinae« gehen aus dem Holz-Körper, die »aculei« aus der Rinde hervor. Die »spinae« sind umgewandelte Sprosse, Blätter, Kelchzipfel etc.

In Guettard's und Duhamel's Werken ist das Thatsächliche, was über die gröbere Morphologie der Pflanzen-Stacheln gesagt werden kann, im Wesentlichen niedergelegt. Dieselben Thatsachen begegnen uns fortan fast in jedem neuen Werke bald nach dieser, bald nach jener Seite hin zum Aufbau anderer Systeme verwerthet: bald als Beispiele für eine trockene Terminologie, bald als Fundamente für eine sehr in der Luft schwebende morphologische Theorie.

Was die Geschichte der Morphologie zu Ende des vorigen und zu Anfang dieses Jahrhunderts so ungeniessbar macht, ist das Auseinandergehen derselben in zwei einander entgegengesetzte Richtungen, die gleich weit vom rechten Wege abweichen. Die eine begnügt sich mit der blossen Nebeneinanderstellung von Thatsachen, ohne sich um deren innern Zusammenhang zu bekümmern, und artet zuletzt in eine blosse Terminologie aus. Die Vertreter dieser Richtung haben eine ungeheure Menge von Material aufgehäuft und in mehr oder minder lexikonartigen Büchern niedergelegt, welche zwar eine reiche Fund-

[1]) Linne: Philosophia botanica.

grube für Stoff zu neuen Arbeiten enthalten, aber meist von vorn herein den Belehrung Suchenden durch ihren Wust von Namen zurückscheuchen. Die andere Richtung sucht aus dem rein abstrakt gefassten »Begriff der Pflanze« die ganze Morphologie a priori herauszuentwickeln, doch schweben ihre Theoreme, da schon ihr Ausgangspunkt, der Begriff der Pflanze selbst, nicht recht klar gestellt werden konnte, sämmtlich in der Luft. Immerhin hat diese Richtung das Verdienst, Anregung zu weiterem Forschen gegeben zu haben, da sich bei diesen Hypothesen Streitfragen erhoben, welche nur durch exakte Forschungen gelöst werden konnten.

Als zur terminologischen Richtung hinleitend muss hier angeführt werden Aug. Pyr De Candolle[1]). In seiner Organographie végétale beschreibt er eine grosse Anzahl von stacheligen Organen und sucht sie systematisch zu ordnen. Hierzu reichte als Eintheilungs-Princip der von Duhamel betonte Antheil des Holzringes an der Stachel-Bildung nicht hin: es wurde daher als Merkmal das Vorhandensein und Fehlen der Gefässe aufgestellt und hiernach die Stacheln (piquans) in épines und aiguillons eingetheilt. Jedoch gesteht de Candolle ehrlich ein, dass diese Eintheilung nicht auf alle Gebilde anwendbar sei, und dass eine scharfe Grenze zwischen aiguillon und épine sich nicht ziehen lasse. Was die Beschreibung der einzelnen Formen angeht, sowie die Aufstellung der typischen Formen, so ist dieselbe ausgezeichnet: es ist fast kein wichtiger Typus unberücksichtigt geblieben; für die feinere Morphologie hingegen leistet De Candolle nichts.

Den Höhepunkt der terminologischen Richtung bezeichnet G. W. Bischoff[2]). Bei ihm ist die starre Systematik der Organe durchgeführt: alles ist unter ein Schema gebracht. In seinem Handbuche der botanischen Terminologie hat er auch über Stacheln ein immenses Material niedergelegt, aber trotz der schönsten Classifikation bleibt es eine rudis indigestaque moles. Er gibt jedem Dinge einen Namen und damit ist's abgethan; um den innern Zusammenhang der Organe kümmert er sich nicht. Seine Haupt-Typen stimmen mit denen De Candolle's im Wesentlichen überein: er vermehrt dessen Beispiele, doch sind seine Angaben nicht immer zutreffend.

---

[1]) Aug. Pyr De Candolle: Organographie végétale. Paris 1828.

[2]) W. Bischoff: Handbuch der botanischen Terminologie. Nürnberg 1830.

Dieselbe Richtung hat in Frankreich in verschiedenen Dictionaires des sciences naturelles ihren Ausdruck gefunden, über welche ich nur das über Bischoff's Terminologie Gesagte wiederholen kann: sie sind Fundgruben für Material zu spätern Arbeiten, tragen aber selbst zur Förderung der Wissenschaft wenig bei.

Als Beispiel für die entgegengesetzte Richtung will ich Raspail[1]) erwähnen. So wie er im Allgemeinen Alles auf die letzten Ursachen zurückführen will ohne eine genaue Kenntniss der vermittelnden Gesetze, so auch bei den Stacheln. Indem er nach einer Erklärung der Stacheln sucht, glaubt er in der Vergleichung mit den Ranken den Schlüssel zum Verständniss dieser Gebilde gegeben. Die Ranke ist nach ihm ein Organ, das durch ungleichseitige Beleuchtung das Gleichgewicht verloren hat und sich spiralig aufrollt[2]). Der Stachel entsteht auf dieselbe Art, doch durch ein Missverhältniss der innern und äussern Entwicklung erstarrt er schon, bevor die Krümmung möglich war, in der Periode, wo er noch gerade gerichtet ist[3]). In Bezug auf die Entstehung der Stacheln macht er bisweilen etwas gewagte Erklärungen. So lässt er z. B. die Stacheln von *Rosa* und *Rubus* aus Adventiv-Knospen hervorgehen.

Die verschiedenen botanischen Lehr- und Handbücher bis auf die neueste Zeit reproduciren fast nur das seit Duhamel Bekannte; höchstens werden einige neue Ansichten über die Entstehung dieser Gebilde mitgetheilt, aber meist ohne Begründung.

Mirbel[4]) reproducirt in anatomischer Beziehung nur den Duhamel, höchstens mit dem Unterschiede, dass er eine strengere Zweitheilung der Stacheln durchführt, als jener gethan. Was hingegen die biologische Seite dieser Gebilde anbetrifft, so stellt er Gesichtspunkte

[1]) Raspail: Nouveau système de physiologie végétale. Bruxelles 1837.

[2]) Il perd l'équilibre pour ainsi dire, on le voit se courber en crosse au sommet et ensuite se rouler sur lui même en hélice aussi regulièrement, que le fait la spire dans le sein du cylindre générateur.

[3]) Une épine est un organe tigellaire, dont le développement intérieur n'a pas été secondé par le développement extérieur. C'est un emboîtement des cônes internes dont l'extérieur est resté stérile tout en prenant sa direction vers le ciel et la lumière ce qui en a rendu le sommet aigu.

[4]) Mirbel: Traité d'anatomie et physiologie végétales. Paris an X de la république. Tome I livre III chapitre XI.

auf, die jedenfalls zu berücksichtigen sind. Er macht nämlich deutlich auf die Wechsel-Beziehungen zwischen stacheligen Pflanzen und gewissen Thiergruppen aufmerksam, indem er sagt: »nous y voyons des citadelles où se cachent les faibles créatures« etc. und a. a. O. »dans la zone torride, où pullulent les tigres, les chats sauvages, les singes et autres animaux malfaisans, mille espèces d'oiseaux se seraient éteintes, si elles n'eussent pas trouvé un asyle au milieu des buissons et des arbres épineux.«

Sprengel[1]) reproducirt die wesentliche Verschiedenheit von Stacheln und Dornen, als bloss mit der Rinde zusammenhängenden, oder ins Holz übergehenden Gebilden. Nach ihm sind sowohl die Stacheln als auch die Dornen in der Jugend nichts als Haare oder feine Fortsetzungen der Oberhaut von krautartiger Weichheit. Neben diesem in seiner ganzen Allgemeinheit aufgestellten Satze findet man die Bemerkung, der Dorn sei in vielen Fällen ein verkrüppelter Zweig.

Rudolphi[2]), der über Schuppen so eingehend handelt, fertigt die Stacheln mit zwei Worten ab. Er unterscheidet Kraut-Stacheln (murices) von den in der Rinde befestigten Stacheln (aculei).

Treviranus[3]) erwähnt die Beispiele, die schon Duhamel zum grössten Theile kannte, sagt aber alsdann, dass Stacheln und Dornen nicht leicht zu unterscheiden seien. Ein Dorn bilde stets das Ende eines Organes oder eines Theiles von einem Organe; Stacheln dagegen seien überzählig angelegte Gebilde. Die dornigen Gebilde bei *Opuntia* seien eine verwandelte Blattknospe; bei *Mamillaria* hingegen seien es Endigungen eines nur theilweise entwickelten Blattes. Es gebe Mittelbildungen zwischen Stacheln und Köpfchen-Haaren; man könnte sie für Verkümmerungen der leztern halten, wenn nicht auch bei ihnen die Ausbildung mit einer gewissen Selbständigkeit geschähe.

Dornen seien Verkümmerungen, verbunden mit Substanz-Veränderung. Er sucht nach der Ursache, weshalb mit dieser Verkümmerung Zuspitzung und Verhärtung verbunden sei und gesteht, dass ihm dieses räthselhaft sei.

---

1) Sprengel: Von dem Bau und der Natur der Gewächse. Halle 1812.

2) Rudolphi: Anatomie der Pflanzen. Berlin 1807.

3) Treviranus: Physiologie der Gewächse. Bonn 1835.

St. Hilaire[1]) behält den Unterschied zwischen Stachel und Dorn als gefässlos und gefässführend bei, und erläutert denselben hergebrachterweise an den bekannten Beispielen. Die Stacheln unterscheiden sich von den übrigen Trichomen nur durch ihre grössere Masse. Der Ursprung beider Gebilde ist nach ihm der gleiche.

Schleiden[2]) vernachlässigt auffallender Weise die Stacheln und Dornen fast ganz; er sagt nur gelegentlich von der erstern, dass sie Gebilde der Epidermis seien.

Endlicher und Unger[3]) kehren die bis dahin üblichen Benennungen um, indem der Stachel (spina) als ein überflüssiger Ast bezeichnet wird, der in eine scharfe Spitze zusammengezogen ist, und der gewöhnlich noch Blatt-Rudimente trägt, wogegen mit dem Namen Dornen aus mehreren Zahlreihen zusammengesetzte Haare bezeichnet werden. Noch 1866, nachdem Kauffmann die Entwicklung des Rosen-Stachels längst studirt hatte, nennt Unger[4]) seine Dornen ohne Weiteres Oberhaut-Gebilde.

Schacht[5]) bringt ebenfalls nichts Neues von Bedeutung. Er nimmt an, dass die Stacheln (aculei) Oberhaut-Gebilde seien und sagt, sie bildeten Complexe zahlreicher dickwandiger, verholzter Zellen, wogegen er einfache dickwandige verholzte Haare Borsten nennt. Er sagt von den Stacheln, sie ständen nicht in organischem Zusammenhang mit dem unterliegenden Gewebe, sie lösten sich leicht und glatt ab, während die Dornen als Axen-Gebilde mit dem Holzringe des Stammes in unmittelbarer Verbindung blieben. An einem andern Orte sagt er, dass die Dornen sich von den Stacheln durch Gefässbündel-Verbindung mit dem Stamm oder Blatt, aus dem sie hervorgehen, unterscheiden.

Hofmeister[6]) giebt eine summarische Entwicklungs-Geschichte der Trichome: er sagt, die meisten derselben gingen aus einer Zelle

[1]) Auguste de St. Hilaire: Leçons de botanique comprenant principalement la morphologie végétale. Paris 1841.

[2]) Schleiden: Grundzüge der wissenschaftl. Botanik. Leipzig 1845.

[3]) Endlicher und Unger: Grundzüge der Botanik. Wien 1843.

[4]) Unger: Grundlinien der Anatomie und Physiologie. Wien 1866.

[5]) Schacht: Anatomie und Physiologie der Gewächse. Berlin 1856.

[6]) Hofmeister: Allgemeine Morphologie. Leipzig 1868, p. 543, 429.

der Oberhaut hervor, doch nicht alle, so beständen z. B. die Rosen-Stacheln von ihrem ersten Auftreten an aus einer Mehrzahl von Zellen; ob dieselben der Oberhaut oder dem unterliegenden Gewebe angehören, darüber fällt er kein definitives Urtheil. Auch erwähnt er das Verhalten der überzählig angelegten Knospen von *Gleditschia.*

Sachs[1]) erwähnt in der zweiten Auflage seines Lehrbuches die Sprossdornen und Blattdornen als metamorphosirte Sprosse resp. Blätter; von den Stacheln sagt er, sie würden zu den haarähnlichen Anhängseln der Oberhaut gerechnet, seien aber bisher zu wenig untersucht, um über ihre wahre Natur mit Sicherheit zu entscheiden. (Ueber die dritte und vierte Auflage später.)

Man sieht also, eine wirklich belangreiche neue Thatsache ist in der Periode von 1758 bis 1870 kaum in die Lehrbücher hineingekommen: man nahm das Thatsächliche von den Frühern an, machte hier und dort eine eigene Ansicht geltend, von welchen manche mit der Zeit geradezu zu Dogmen gemacht wurden. Seit man die Anatomie des Stammes etwas genauer kannte, seitdem man wusste, dass die Differenzirung der Gewebe-Elemente des Stammes selbst später vor sich geht, als die Ausgliederung der Anhangs-Gebilde, seit man wusste, dass die Entstehung von Blättern und Knospen ebenfalls von der primären Rinde (Periblem) ausgeht, und dass die Verbindung mit dem Holzkörper bei allen diesen Organen eine secundäre sei, da musste Duhamel's écorce der Bezeichnung Epidermis weichen um so mehr, als für eine Anzahl anderer Trichome die Abstammung aus der Epidermis nachgewiesen war. So wurde denn der Satz, dass Stacheln Oberhaut-Gebilde seien, stillschweigend angenommen und ging ungeprüft aus einem Lehrbuche in das andere über. In allen andern Dingen herrscht eine grosse Unbestimmtheit vor. Bei den meisten liessen sich allerdings Trichom-Stacheln und Kaulom-Stacheln schön von einander trennen, aber die Phyllom-Stacheln schwanken bei dieser Zweitheilung bald zur einen, bald zur andern Abtheilung hin. Ich mache nur aufmerksam auf Schacht. Er nennt die Dornen einmal schlechthin Axen-Gebilde, schliesst also die Phyllom-Stacheln von ihnen aus; ein anderes Mal nennt er als Charakteristik eines Dornes die Gefässbündel-Verbindung mit dem Stamm oder Blatt, aus welchem er

[1]) Sachs: Lehrbuch der Botanik. Zweite Auflage. Leipzig 1870.

hervorgeht; hier ist also der Phyllom-Stachel zu den Dornen gezählt. Was endlich die Namen angeht, so sind sie auch nicht so unverletzlich gehalten worden, dass nicht Unger ohne Weiteres den hergebrachten Sprachgebrauch hätte umkehren dürfen.

Während für die Pflanzenhaare die Periode, wo man sich nicht mehr begnügte, das von Guettard und Duhamel Untersuchte ruhig hinzunehmen, sondern neue Untersuchungen vorzunehmen begann, welche die feinere Anatomie dieser Gebilde so wie ihre Entwicklungs-Geschichte ins Auge fassten, etwa in den dreissiger Jahren ihren Anfang nahm, mussten die Stacheln viel länger auf eine gründlichere Bearbeitung warten.

Eble[1]) erwähnt in seinem Werke über die Haargebilde die Stacheln nur anmerkungsweise. Er hält die (Trichom-)Stacheln für morphologisch und entwicklungsgeschichtlich gleichwerthig mit den echten Haaren. Interessant ist seine wenig beachtete Bemerkung, dass die complicirteren Haargebilde aus dem unter der Epidermis gelegenen Rinden-Gewebe hervorgingen und dass sie von der Epidermis als einem einfachen Ueberzuge bedeckt seien: eine Behauptung, deren Richtigkeit allerdings dadurch sehr zweifelhaft wurde, dass Eble's gleichzeitig aufgestellte Entwicklungs-Geschichte der gewöhnlichen Stachel-Borsten, z. B. der *Borragineen*, ganz unhaltbar ist. Er lässt nämlich zuerst den Bulbus entstehen und nachher das Haar daraus hervorwachsen, was nur in den seltensten Fällen (*Acacia acanthocarpa*) wirklich vorkommt.

Krocker[2]) erwähnt nur diejenigen der hierher gehörigen Gebilde, welche den echten Haaren ganz nahe stehen: Stachelborsten und verwandte Bildungen und selbst diese nebensächlich. Die zusammengesetzten Gebilde berücksichtigt er nicht. Die 33 Jahre früher erschienene gleichnamige Dissertation seines Vaters A. Krocker stand mir nicht zur Verfügung.

Meyen's[3]) grosses Werk: Ueber die Secretions-Organe der Pflanzen befasst sich gar nicht mit den Stacheln im engern Sinne.

[1]) Eble: Die Lehre von den Haaren in der gesammten organischen Natur. Wien 1831.

[2]) Krocker H.: De plantarum epidermide observationes. Vratislaviae 1833. Dissertatio.

[3]) Meyen: Gekr. Preisschrift: Ueber die Sekretions-Organe der Pflanzen. Berlin 1837.

Nur die Brennhaare der *Urticaceen* und verwandte Gebilde finden Berücksichtigung.

Arendt[1]) berührt in einer Arbeit über Capillar-Activität der äussern Pflanzen-Integumente nebenbei die Stachel-Borsten von *Galeopsis Urtica* und ähnliche.

Bahrdt's[2]) Arbeit de pilis plantarum verdient ebenfalls hier einer Erwähnung, wenn er auch die Stacheln nur mehr nebenher erwähnt. Was er unter »pili« versteht, würde man wohl heute mit dem Namen »Trichome« bezeichnen: eine auf morphologischer Eintheilung basirte Organ-Gruppe. Er macht dieselben ohne Weiteres zu Oberhaut-Gebilden. Recht treffend beleuchtet er die Uebergänge der verschiedenen Trichom-Gruppen in einander. Die Trichome bilden eine continuirlich aufsteigende Reihe: papillae, verrucae, glandulae, pili, aculei. (Wie fast bei allen diesen Arbeiten finden wir auch hier den Uebelstand, dass das Wort pilus einmal als Collektiv-Name für die ganze Gruppe, einmal als Bezeichnung einer Unter-Abtheilung derselben gebraucht wird.) Die verschiedenen Abtheilungen sind unter einander verwandt nicht nur in Beziehung auf die äussere Gestalt, sondern auch in Bezug auf den innern Bau und die Entwicklungs-Geschichte. Es giebt keine natürliche Grenze zwischen Drüsen, Haaren und Stacheln. Diese Formen gehen continuirlich in einander über. Sonderbar ist die Art, wie er die Trichome entstehen lässt. In einer oder mehreren Epidermis-Zellen sammeln sich unbrauchbare Säfte an. Durch den hydrostatischen Druck dieser wird die freie Aussenwand der Zelle herausgewölbt und wächst, da der Druck sich nicht vermindert, zu einem Trichom aus. Reicht das fertige Haar hin zur Aufnahme der unbrauchbaren Säfte, so erhalten wir ein einfaches »lymphatisches« Haar; im andern Falle schwitzt der überflüssige Saft aus der Endzelle aus und wir haben ein Drüsenhaar. Ich denke, so einfach ist die Sache denn doch nicht, denn woher käme die für jede Species so genau charakteristische Struktur der Trichome, wenn sie bloss passiv durch den Druck des Saftes von Innen her geformt

---

[1]) **Arendt:** Ueber die Capillar-Activität der äussern Integumente einiger Pflanzen. Flora 1843.

[2]) **Bahrdt:** De pilis plantarum Diss. Bonn 1849.

würden? Bezüglich der Stacheln bringt Bahrdt nichts Neues von Wichtigkeit.

Crüger[1]) hat eine Anzahl von ein- bis mehrzelligen Trichomen untersucht, doch fasste er dieselben nur mehr mit Rücksicht auf die Art und Weise der Wandverdickung ins Auge, welche er in ganz bestimmte Beziehungen zu den Protoplasma-Strömen setzt. Untersucht wurden besonders die Brennhaare von *Tragia volubilia* (L.), *Pida urens* (L.), ferner die Trichome eines *Solanum*, bei dem ein Sternhaar mit einem mehrzelligen Sockel versehen ist.

Caspary[2]) erwähnt in seiner Anatomie von *Aldrovanda vesiculosa* der Haargebilde der Blätter und des Stammes. Von diesen gehören hierher: 2) sehr lange spitzige Haare. Auf zweizelliger Basis, die in der Ebene der obersten Zellschicht liegt, erheben sich 4—5 Stockwerke von Zellen, deren jedes aus 2—4 Zellen gebildet ist. 4) stachelartige gerade Haare am Blattrande.

Ausserdem beschreibt er Borsten, die nicht jeder Beziehung zu Phyllomen entbehren. Der Blattstiel trägt eine Spreite, die von einem Kranze von 4—6 Borsten umgeben ist. Bisweilen fehlt die Spreite und an ihrer Stelle ist eine Borste entwickelt.

Nicolaus Kauffmann[3]) ist meines Wissens der erste seit Duhamel's Zeit, der nach hundertjähriger Unterbrechung das Studium der morphologischen Bedeutung der Stacheln wieder aufnahm, und der zwei Arbeiten lieferte, welche den Anforderungen entsprechen, die man jetzt an eine morphologische Untersuchung zu machen berechtigt ist. Er untersuchte die Entwicklungs-Geschichte des Rosen-Stachels und kam zu Resultaten, welche mit der ganzen herrschenden Ansicht vollständig im Widerspruch standen. Er constatirte, dass diese Gebilde ihren Bildungsheerd nicht in der Oberhaut, sondern in dem darunterliegenden Gewebe haben, und dass dieselben sich in der ersten Anlage als kleine Höcker darstellen, hervorgebracht durch tangentiale Theilungen in einigen Zellen der äussersten Lage der unter der Oberhaut

---

[1]) Crüger: Westindische Fragmente. Bot. Zeitung 1855.

[2]) Caspary: Ueber *Aldrovanda vesiculosa*. Botan. Zeitung 1859 Nr. 13 ff.

[3]) Nicolaus Kauffmann: »Zur Entwicklungs-Geschichte der Cactus-Stacheln« und »Ueber die Natur der Stacheln«. Bulletin de la soc. imp. des naturalistes de Moscou 1859. Nr. 2 und Nr. 3.

liegenden Parenchym-Zellen. Die zweite Arbeit behandelt die Stacheln der *Cacteen.* Er erkennt dieselben richtig als umgewandelte Phyllome der Achsel-Knospen, sowohl bei *Opuntia,* wo es Schacht vermuthet hatte, als auch bei *Mamillaria,* wo Schacht in den Stacheln Endigungen des primären Blattes zu sehen glaubte. Kauffmann's Arbeiten, unzweifelhaft die besten seit Duhamel, sind sehr wenig bekannt geworden. Sie wurden niedergelegt im Bulletin de la société des naturalistes de Moscou und geriethen dergestalt in Vergessenheit, dass noch 1873 Warming die Ehre der Entdeckung des periblematischen Ursprunges der Rosen-Stacheln Rauter zuertheilen konnte.

Nitschke[1]) hat in seiner Anatomie des Drosera-Blattes höchst schätzenswerthe morphologische Data gegeben, die, wenn auch nicht speciell die Stacheln betreffend, dennoch hier erwähnt werden müssen, da sie ganz neue Gesichtspunkte aufstellen bezüglich der morphologischen Gliederung der Pflanze mit specieller Berücksichtigung des Verhaltens der sog. accessorischen Organe. Nitschke untersucht die früher schon von Meyen, Grönland und Schleiden erwähnten Gefässe der Köpfchenhaare von *Drosera* und constatirt die Uebereinstimmung des Baues dieser Gebilde mit Organen von höherem morphologischen Werthe. An die gefundenen Thatsachen knüpft er allgemeinere Betrachtungen und kommt zu dem für seine Zeit ganz bedeutenden Resultate: Es gibt keine andere als willkürliche Grenze zwischen Haaren und Blatttheilen oder ganzen Blättern — ein Satz, dem erst die neuesten Untersuchungen allgemeinere Geltung verschafft haben.

Caspary[2]) berichtigt einige kleine Irrthümer Nitschke's und geht dann ganz schonungslos gegen dessen Behauptung von dem Nichtvorhandensein einer natürlichen Grenze zwischen Pyllomen und Trichomen vor, die er als das Resultat einer »wilden Phantasie« bezeichnet.

Bemerkenswerth ist ausserdem Caspary's Arbeit besonders dadurch, dass er auf das Vorkommen von Gefässbündeln bei einer grossen Anzahl von Stacheln aufmerksam macht.

---

[1]) Nitschke: Anatomie des Sonnenthaublattes. Botanische Zeitung 1861. Nr. 33 ff.

[2]) Caspary: Aufforderung an Herrn Dr. Nitschke und noch einige Worte über dessen Arbeit über *Drosera rotundifolia.* Bot. Zeitung 1861.

Wicke[1]) erwähnt die Kieselsäure-Incrustation der Brennhaare von *Urtica*, der Kletter-Stacheln von *Galium*, *Humulus* etc.

Mohl[2]) zeigt, dass es sich nicht um Incrustation, sondern um Imprägnation handelt. Ferner zeigt er, wie besonders bei den *Asperifolien* nicht nur das Trichom selbst, sondern auch die dasselbe umgebende Epidermis stark verkieselt ist.

M. T. Caruel[3]) veröffentlichte eine anerkennenswerthe Arbeit über die Stacheln von *Xanthium spinosum*. Er wies nach, dass dieselben den morphologischen Werth von Phyllomen haben und zwar den ersten Blättern der Achselknospe entsprechen, und brachte dadurch eine auf dem botanischen Congress zu Neapel 1845 zwischen Prestandrea und Gasparini verhandelte Streitfrage zum definitiven Abschlusse.

Weiss'[4]) Trichom-Arbeit ist bekanntlich für die einfachen Haare und Köpfchenhaare bis heute noch das bedeutendste Werk. Mit unermüdlichem Fleisse hat er das gesammte bedeutende litterarische Material gesammelt, kritisch bearbeitet und ergänzt, so dass diese einzige Arbeit allein im Stande ist, Aufschluss über den ganzen Stand der Trichom-Frage zu dieser Zeit zu geben. Seine entwicklungsgeschichtlichen Data sind im Allgemeinen genau; sein Haupt-Fehler besteht wohl darin, dass er sämmtliche Trichome auf epidermoiden Ursprung zurückführen will, und mit einer gewissen Scheu allen Formen auszuweichen sucht, die möglicher Weise seine Behauptung, dass sämmtliche Trichome in ihrer ersten Anlage wenigstens der Epidermis entstammten, umstossen könnten. Für das Grenzgebiet zwischen Stachel und Haar ist Weiss' Arbeit bedeutsam. Die eigentlichen, ausgesprochenen Stacheln hingegen berührt er nicht.

[1]) Wicke: Ueber das Vorkommen und die physiologische Verwendung der Kieselsäure bei den *Dikotylen*. Botan. Zeitung 1861 Nr. 16.

[2]) Mohl H. v.: Das Kiesel-Skelett lebender Pflanzen-Zellen. Bot. Zeitung 1861 Nr. 30.

[3]) Caruel M. T.: Sur la signification morphologique des épines de *Xanthium spinosum*. Bull de la soc. bot. de France II 1863.

[4]) Weiss: Die Pflanzenhaare in »Karsten, Botan. Untersuchungen«. Berlin 1865.

Wenn auch nicht direkt die Stacheln betreffend, so verdient hier doch die Arbeit Hanstein's[1]) »Ueber die Organe der Harz- und Schleim-Absonderung in den Laubknospen« Erwähnung. Hanstein gibt in derselben u. A. die Entwicklungs-Geschichte einer Anzahl von Gebilden, welche wegen ihrer vielfachen Beziehungen zu den Stacheln hier erwähnt werden müssen, wie die Köpfchenhaare von *Rosa*, *Rubus Ribes* etc. Auch beschreibt er nebenher eine Art von zusammengesetzter Stachelborste bei *Azalea*, welche zum Typus der *Papaver*-Borsten gehört.

Mit dem Jahre 1870 wandte sich plötzlich die Aufmerksamkeit auf diese bisher so vernachlässigten Gebilde, derart, dass in 4 Jahren mehr über dieselben geschrieben wurde, als bis dahin in einem ganzen Jahrhundert.

Rauter[2]) war der Erste, der den Satz, Trichom-Stacheln könnten auch Periblem-Gebilde sein, definitiv in die Wissenschaft einführte, und so eine zwölf Jahre vorher gemachte, aber wieder verlorene Entdeckung endgültig feststellte. Rauter's Arbeit ist ein Muster von Genauigkeit. Alle wesentlichen Data konnten durch Controle-Arbeiten nur unterstützt werden, und die sich ergebenden Abweichungen beziehen sich ausschliesslich auf ganz unbedeutende Einzelheiten. Er erweiterte den Begriff eines Trichoms dahin, dass er auch die aus dem Periblem herstammenden Gebilde zu denselben rechnet, falls sie sich nicht durch Stellung etc. als Blatt-Gebilde legitimiren können. Uebrigens gesteht er, dass er sich nur schwer von der Vorstellung losmachen könne, unter Trichomen Oberhaut-Gebilde zu sehen und sagt, dass diese Organe doch eigentlich nicht mehr zu den Trichomen gehörten, sondern mehr als Mittel-Bildungen zwischen Phyllom und Trichom aufgefasst werden müssten.

Duval-Jouve[3]) veröffentlichte 1871 eine Arbeit über die Borsten resp. die Grannen der *Gramineen*-Blüthe, in welcher er denselben auf Grund eingehender entwicklungsgeschichtlicher Untersuchungen den Werth von Phyllomen zuerkennt.

---

[1]) Hanstein: Ueber die Organe der Harz- und Schleimbereitung in den Laubknospen. Botan. Zeitung 1868 Nr. 43 ff.

[2]) Rauter: Zur Entwicklungs-Geschichte einiger Trichom-Gebilde Wien 1870.

[3]) Duval-Jouve: Étude anatomique de l'arrête des Graminées. Mém. de l'académie de Montpellier 1872; referirt in Bot. Zeitung 1873 pag. 200.

Martinet[1]) hat in seiner Schrift über die Sekretions-Organe der Pflanzen einige hierher gehörige Gebilde beschrieben, zumal die Brennhaare von *Urtica, Loasa, Wigandia* und *Malpighia*; die übrigen der von ihm besprochenen Organe gehören nicht hierher.

Sachs[2]) trennt in der dritten Auflage seines Lehrbuches die dem Periblem entstammenden Gebilde von den Trichomen und nennt sie Emergenzen. Er spricht die Vermuthung aus, dass die Stacheln von *Rubus* etc. sich ebenfalls als Emergenzen legitimiren würden.

Warming[3]) acceptirt die von Sachs aufgestellten Benennungen und liefert eine Anzahl von wirklich überraschenden Thatsachen zur Beleuchtung der Trichom-Frage. Er weist nach, dass gewöhnliche Haare und selbst Papillen der Blüthentheile periblematischen Ursprungs sein können (Menyanthes). Er untersuchte eine Anzahl von Stacheln und zeigte, dass eine Menge von Formen existirt, welche jeder Eintheilung in Trichome und Phyllome spotten, dass weder die Entstehung aus dem Periblem, noch das Vorhandensein von Gefässen, noch endlich die Stellungs-Verhältnisse ein ganz sicheres Kriterium für die Phyllom-Natur eines Organs abgeben können. Von den von ihm eingehend untersuchten Gebilden gehören speciell hierher die Stacheln von *Gunnera scabra*, *Datura Strammonium* und *Agrimonia Eupatorium*. Sämmtlich sind dieselben periblematischen Ursprunges; dazu kommt noch, dass sie bei *Datura* Gefässe enthalten und hierzu kommen endlich noch bei *Agrimonia* genau determinirte Stellungs-Verhältnisse. Dennoch kann man weder das eine noch das andere dieser Gebilde zu den echten Phyllomen stellen. Es sind intermediäre Bildungen.

Verfasser[4]) selbst veröffentlichte im vorigen Jahre eine Dissertation unter dem Titel »Ueber Stacheln und Dornen«, in welcher derselbe in gedrängter Kürze die Resultate einer Anzahl von Untersuchungen mittheilte, die derselbe an Stacheln des verschiedensten

---

[1]) Martinet, M. J.: Organes de sécrétion des végétaux. Ann. sc. nat. Série V tome 14, 1872.

[2]) Sachs, Julius: Lehrbuch der Botanik. III. Aufl.

[3]) Warming, Eugen: Om Forskjellen mellem Trichomer og Epiblastemer af höjere Rang. Texte danois avec un résumé français. Extrait des »Videnskabelige Meddelelser« Kjöbenhavn 1873.

[4]) Delbrouck, Conrad: Ueber Stacheln und Dornen. Inaugural-Dissertation Bonn 14/8. 1873.

morphologischen Werthes gemacht hatte. Er versuchte darin zu zeigen, dass zwischen den verschiedenen morphologischen Gruppen intermediäre Bildungen vorkommen und dass weder zwischen den Dermatogen-Gebilden und Periblem-Gebilden, noch zwischen den Trichomen, Phyllomen und Kaulomen sich eine feste Grenzlinie ziehen lasse. Er behielt es sich damals vor, seine Arbeit weiter auszuführen; das Erscheinen der Suckow'schen und Uhlworm'schen Arbeiten veranlassten ihn, auch diese mit in den Plan seines Werkchens aufzunehmen, und die Resultate der jüngsten Untersuchungen überhaupt mit seinen eigenen zu einem Ganzen zu verarbeiten. Die Abweichungen in der Eintheilung, welche in der vorjährigen Arbeit zu Grunde gelegt war, und der jetzigen ist schon vorhin besprochen worden.

Uhlworm[1]) hat ebenfalls im Jahre 1873 eine Arbeit über die Entwicklungs-Geschichte der Trichome geliefert. Von den dort behandelten Gebilden gehören hierher die Trichom-Stacheln von *Rubus Hofmeisteri*, *R. Idaeus*, *Gunnera scabra*, *Cucurbita Pepo*, *Ecbalium agreste*, *Cucumis sativus*, *Datura Strammonium*, *Aesculus Hippocastanum*, *Ribes lacustre* und *Rosa pimpinellifolia*, sowie die Phyllom-Stacheln von *Cirsium ciliatum* und Verwandten. Verfasser kann über diese Arbeit nur sagen, dass er sie in allen Punkten, wo ihm eine vergleichende Untersuchung möglich war, bis auf's Geringste bestätigen kann. Uhlworm bringt noch manche bis dahin unbekannte Data über das allmählige Uebergehen der verschiedenen Formen in einander. Er erzählt ganz der Natur gemäss die von ihm beobachteten Thatsachen, ohne dieselben in ein a priori aufgestelltes Schema hineinpassen zu wollen. Er ordnet am Schlusse die gesammte Gruppe der Trichom-Gebilde nach entwicklungsgeschichtlichen Merkmalen in eine Reihe, deren einzelne Glieder continuirlich vom Einfacheren zum Complicirteren fortschreiten.

Suckow[2]) hat gleichzeitig mit Uhlworm eine Anzahl von Stacheln untersucht und Beziehungen derselben zu Köpfchen-Haaren, die sich allerdings nicht läugnen lassen, constatirt. Doch ging er

[1]) Uhlworm, Oskar: Beiträge zur Entwicklungs-Geschichte der Trichome. Inaugural-Dissertation Leipzig 1873. Bot. Zeitung 1873, 28/11.

[2]) Suckow, Sigismund: Ueber Pflanzen-Stacheln und ihr Verhältniss zu Haaren und Dornen. Inaugural-Dissertation Breslau 29/11. 1873.

hierin viel zu weit, indem er die Behauptung aufstellte, dass, wo Köpfchen-Haare vorhanden sind, diese als Jugend-Zustände der Stacheln zu betrachten seien (pag. 20), ein Satz, dem Verfasser durchaus nicht beipflichten kann und auf welchen derselbe bei der Besprechung der Rosen- und Brombeer-Stacheln zurückkommen wird. Auch hat Suckow den seit Rauter als feststehend betrachteten Satz von der periblematischen Entstehung des Rosen-Stachels wieder in Zweifel gezogen. Was die weitere Entwicklung des Rosen-Stachels, die Streckung der ihn bildenden Zellen, das Auftreten der Korkschicht, welche das endliche Abfallen des Stachels bedingt, anbetrifft, hat Suckow immerhin ganz dankenswerthe Angaben gebracht, dagegen kann Verfasser Suckow's Untersuchnngen über das erste Auftreten dieser Gebilde keinen Werth beilegen.

Die Suckow'sche Arbeit hat alsbald in der Botanischen Zeitung [1]) von Seiten Uhlworm's eine Kritik erfahren, welche die Oberflächlichkeit der dort hinterlegten Untersuchungen ins Licht stellt und die Unrichtigkeiten derselben hervorhebt, ohne jedoch sich auf eine specielle Widerlegung einzulassen.

Suckow[2]) hielt hiergegen in der Sitzung vom 4. Dec. 1873 der Schlesischen Gesellschaft für vaterländische Cultur einen Vortrag, in welchem er gegen Uhlworm polemisirt. Er beschränkt sich darauf, seine früheren Behauptungen noch entschiedener aufzustellen und zumal die Entstehung der Rosen-Stacheln aus der Epidermis, die früher etwas unklar ausgedrückt war, schärfer zu formuliren. Neue Beweise für seine Behauptungen bringt er nicht: er sagt nur, eingehende Beobachtungen nöthigten ihn, die Ansicht der früheren Beobachter als falsch zu bezeichnen. An den Relationen zwischen Stacheln und Köpfchen-Haaren hält er fest.

Hagen[3]) erwähnt in seiner Arbeit über die *Mesembryanthemeen* die bei diesen vorkommenden Trichom-Stacheln.

Sachs[4]) kritisirt Warming, weil derselbe die Emergenzen zu

---

[1]) Bot. Zeitung 1873 Nr. 51.

[2]) Bot. Zeitung 1874 Nr. 12 und Nr. 29.

[3]) Hagen: Untersuchungen über die Entwicklung und Anatomie der *Mesembryanthemeen*. Dissert. Bonn 23/12. 1873.

[4]) Sachs: Lehrbuch der Botanik. 4. Auflage. Leipzig 1874.

den Trichomen stellt. Er sucht die alte Weiss'sche Definition von Trichomen als Oberhaut-Gebilden wieder herzustellen und trennt deshalb von denselben die Emergenzen, die er als selbstständige Gruppe zwischen Trichome und Phyllome stellt. Er erkennt an, dass zwischen den verschiedenen Organ-Systemen Uebergänge vorkommen, hält es jedoch zur Vermeidung von Confusion für unerlässlich, scharf umschriebene Gruppen aufzustellen, und die in dieselben nicht hineinpassenden Formen aus denselben auszuscheiden. Die letzten Stachel-Arbeiten sind noch nicht erwähnt. Der *Rubus*-Stachel wird noch provisorisch den Emergenzen zugezählt.

Specielle Beobachtungen.

Im Folgenden werde ich nun versuchen, die wichtigsten Typen von Stachel-Bildungen, die wir bei den Pflanzen finden, zu schildern, in sofern ihre Morphologie und Entwicklungs-Geschichte bekannt ist. Die verschiedenen Typen sind nach ihrem morphologischen Werthe in eine aufsteigende Reihe geordnet, deren Anfangsglieder überaus einfache einzellige Gebilde darstellen, während ihre Endglieder den morphologischen Werth von selbstständigen Sprossen haben. Bei den verschiedenen Typen erwähne ich meist zunächst das von mir selbst Beobachtete, und schliesse an dasselbe die Beobachtungen Anderer über ähnliche Gebilde an.

1. Trichom-Stacheln.

Unter Trichom-Stacheln verstehe ich, wie dieses schon im Worte selbst ausgedrückt ist, solche stachelige Organe, die den morphologischen Werth von Trichomen haben: Gebilde, welche nicht als selbstständige Erhebungen im Vegetationspunkte angelegt werden, noch auch Theil-Produkte bis dahin noch nicht differenzirter Blasteme sind, sondern die als Anhangs-Gebilde bereits fertig angelegter Organe entstehen. Die Trichom-Stacheln können sowohl im Dermatogen, als auch im Periblem angelegt werden, und nach diesem Gesichtspunkte habe ich dieselben in zwei grössere Gruppen eingetheilt. Damit soll jedoch nicht behauptet werden, dass man hier mit scharf begrenzten Classen zu thun habe. Im Gegentheil wird sich ergeben, dass eine ganze Anzahl intermediärer Bildungen aus der einen Gruppe in die andere überleitet.

Dermatogen-Stacheln.

Reine Dermatogen-Stacheln sind seltener, als man nach der Weiss'schen Definition von Trichomen als Organen, die wesentlich von einer Epidermis-Zelle abstammten, anzunehmen geneigt sein möchte. Sobald ein derartiges Organ eine bedeutendere Festigkeit erlangt, sieht man fast ausnahmslos die benachbarten Zellen sich mehr oder weniger an seiner Entstehung betheiligen, entweder dadurch, dass sie in die Bildung des Stachels selbst mit eintreten, oder dadurch, dass sie durch Zustandebringen eines Fussgestells (mamelon, Guettard) den Stachel auf seinem Trag-Organe fixiren und ihm so die nöthige Festigkeit verleihen. Dieses Nachrücken der benachbarten Periblem-Zellen ist dort entbehrlich, wo eine grössere Anzahl kleiner Stacheln zur Bildung eines einheitlichen Organes zusammentreten, indem hier besonders günstige Stellungs-Verhältnisse, welche jede Arbeit auf eine Mehrheit von Stacheln vertheilen, den Mangel an Widerstands-Fähigkeit des einzelnen Stachels ersetzen. Ein Beispiel hierfür finden wir in der Familie der

Cyperaceen.

Hier besitzen die Blattränder sowie die Ecken der kantigen Stengel eigenthümliche Schneiden, die sich der mikroskopischen Untersuchung als aus einer grossen Anzahl kleiner Stacheln bestehend erweisen. Sämmtliche Stacheln sind mehr oder weniger gegen die Spitze des Blattes hin gerichtet. Alle sind einzellig und durch das Auswachsen von der Epidermis angehörigen Zellen entstanden, ohne dass sich die andern Epidermis-Zellen noch auch die Periblem-Zellen irgendwie an ihrer Bildung betheiligten. Ihre Entwicklungs-Geschichte ist überaus einfach: eine Epidermis-Zelle theilt sich durch eine Scheidewand, welche gegen die auf der Ebene der Epidermis errichtete Senkrechte schwach geneigt ist; von ihren Tochter-Zellen verbleibt die eine in der Ebene der Epidermis, die andere wächst zu einem Stachel aus in der Art, wie es Weiss für so viele der einfachsten Haar-Gebilde constatirt hat. (Fig. 7.) Näher darauf einzugehen scheint mir nicht nothwendig. Im Baue des fertigen Organes treten nicht unbeträchtliche Verschiedenheiten auf; ich erwähne nur:

Scirpus Duvalii.

(Fig. 1.)

Der Blattrand ist dicht besetzt mit einer Reihe hakenförmig nach vorn gekrümmter Stacheln mit stark verdickter Zellwand.

Scirpus compressus.

(Fig. 2.)

Stacheln gleichgebaut wie bei *Sc. Duvalii*, nur bedeutend kleiner und spärlicher stehend, mit stärkerer Wandverdickung.

Scirpus silvaticus.

(Fig. 3.)

Rand der Blätter sehr dicht, mehrreihig besetzt mit kräftigen Stacheln, welche mehr als die doppelte Länge der Stacheln von *Sc. Duvalii* erreichen.

Eriophorum alpinum.

(Fig. 4.)

Die Schneide wird gebildet durch mässig dicht stehende, sehr schlanke, dem Rande angedrückte, spitz kegelförmige Stacheln, die in ihrem obern Theile bis zum Verschwinden des Lumens verdickt sind.

Eriophorum polystachyum.

(Fig. 5.)

Stacheln noch viel spärlicher, viel kräftiger und mit stärkerer Wandverdickung als bei *E. alpinum.*

Carex Davalliana und *C. paniculata.*

Die Stacheln sind dem Rande noch viel stärker angedrückt als bei *Eriophorum polystachyum,* sind kleiner und stehen dichter.

Carex irrigua.

Die Stacheln sind sehr schwach und stehen sehr vereinzelt, sonst sind sie nach dem Typus wie die von *Scirpus Duvalii* angelegt.

Carex strigosa.

Die Schneiden sind gebildet durch gedrängt stehende, stark hakenförmig gekrümmte kräftige Stacheln.

Carex cyperoides und *C. limosa.*

(Fig. 6.)

Der Blattrand ist sehr dicht besetzt mit hakenförmigen, spitzen Stacheln. Die andern Zellen des Randes, von denen sich einzelne mehr oder minder an den Stachel anlehnen, sind an der vordern Seite in eine scharfe Spitze erweitert, so dass der ganze Blattrand einen unregelmässig gesägten Contour bekommt.

Carex acutiformis.

(Fig. 7—8.)

Struktur des Blattrandes ebenso wie bei den vorhergehenden, nur sind die Stacheln zweiter Ordnung weniger spitz.

Den geschilderten Schneiden der *Cyperaceen* ganz ähnliche Gebilde finden wir bei

Gramineen.

Sie unterscheiden sich von diesen nur durch meist geringere Grösse und regelmässigere Anordnung, indem jede zweite Randzelle zu einem Stachel auswächst. Auch stehen häufig auf den Blattflächen ähnliche Stacheln. Die Entwicklungs-Geschichte entspricht genau derjenigen der Cyperaceen-Stacheln. (cf. Fig. 13—14.) Wenige Beispiele dieser Formen werden genügen.

Panicum glabrum.

(Fig. 9.)

Der Blattrand ist sehr regelmässig mit einer Reihe schwacher, vorn hakenförmig gegen die Spitze des Blattes hin gebogener Stacheln besetzt, die mit sehr langer Basis aufsitzen.

Alopecurus pratensis

(Fig. 10.)

besitzt Stacheln, die mit kürzerer Basis aufsitzen, sonst denen von *Panicum glabrum* ganz ähnlich sind.

Cynodon Dactylon.

(Fig. 11.)

Stacheln des Blattrandes gerade, spitzer und kürzer mit stärkerer Wandverdickung, sonst wie vorige.

Sesleria coerulea

hat gerade Stacheln; sie sind stärker als bei *Cynodon Dactylon.*

Eragrostis bahiensis.

Die Schneiden der Blätter bestehen aus kleinen, sehr regelmässigen hakenförmigen Stacheln.

Triticum vulgare.
(Fig. 12.)

Der Blattrand ist sehr spärlich besetzt mit sehr stark gekrümmten kleinen Stacheln.

Anthoxantum odoratum

hat am Blattrande entfernt stehende, schlanke, spitze Stacheln und ausserdem noch auf der Blattfläche längere Stachel-Borsten.

Glyceria aquatica.
(Fig. 13—14.)

Am Blattrande stehen die Stacheln dicht gedrängt in mehreren Reihen, ohne die Regelmässigkeit der Stellung, wie sie meist bei den *Gramineen* vorkommt. Der einzelne Stachel ist schwach hakenförmig gebogen.

Die bisher erwähnten Stacheln repräsentiren den niedrigsten Typus von derartigen Organen; sie bestehen während ihrer ganzen Dauer lediglich aus einer einzigen Zelle, ohne dass die umgebenden Zellen auch nur den mindesten Antheil an ihrer Entstehung hätten. Die fertigen Stacheln sind stark mit Kieselsäure imprägnirt.

In der Trichom-Litteratur finden wir wenige Angaben über diese Gebilde.

Guettard scheint sie übersehen zu haben: er sagt von den *Gramineen*, dass sie entweder unbehaart, oder mit cylindrischen Haaren versehen seien.

Schrank hingegen erwähnt bei den *Gramineen* Sichel-Borsten (poils en corne de boeuf).

Raspail (Flora 1826) glaubt Relationen zwischen den Trichomen der *Gramineen* und der Feuchtigkeit resp. Trockenheit des Standortes zu finden.

Ueber Verkieselung cf. Mohl l. c.

Den bei den *Cyperaceen* und *Gramineen* geschilderten Schneiden sehr ähnliche Organe finden wir bei den Dikotylen in der Familie der

Rubiaceen.

Auch hier sind die Blattränder sowohl, als auch bei vielen Arten die Rippen des Stengels besetzt mit einer Reihe einzelliger, hakenförmig gekrümmter Stacheln. Diejenigen des Blattrandes sind in der obern Hälfte gegen die Blattspitze, diejenigen der untern Blatthälfte, sowie die des Stengels sind meist abwärts gerichtet.

Galium Aparine.

(Fig. 15—16.)

Sowohl der Rand der Blätter, als auch die Stengelkanten sind dicht besetzt mit kräftigen, hakenförmig gekrümmten Stacheln. Ihre Entstehung ist analog der gewöhnlichen Entwicklung einzelliger Trichome: eine aus der Theilung einer Epidermis-Zelle hervorgegangene Zelle wölbt sich über die Ebene der Oberhaut hervor, spitzt sich zu, nimmt die charakteristische Krümmung an und imprägnirt sich stark mit Kieselsäure. Bis hierher stimmt die Entwicklung noch ganz mit der bei *Gramineen* und *Cyperaceen* betrachteten überein. Doch bleibt sie auf diesem Punkte nicht stehen, vielmehr zeigt sich alsbald ein radiales Wachsthum der unterliegenden Zellen der ersten Periblem-Schicht, wodurch der junge Stachel etwas über die Ebene der Epidermis hervorgehoben wird. Bei den am Stengel stehenden Stacheln hat es in der Regel mit dieser Streckung der Zellen sein Bewenden, während bei den am Blattrande stehenden auch tangentiale Wände in der ersten Periblem-Lage auftreten. Doch bleibt die Betheiligung des Periblems stets eine ganz untergeordnete.

Asperula odorata.

(Fig. 17.)

Bei dieser Species tritt die Betheiligung des Periblems wieder vollständig in den Hintergrund. Selbst am Blattrande finden wir höchstens eine fast unmerkliche radiale Streckung der Periblem-Zellen. Dafür sind aber auch die Stacheln zahlreicher, kürzer und mehr gegen den Blattrand geneigt: Stellungs-Verhältnisse, die sofort einsehen lassen, wesshalb hier eine besondere Befestigung entbehrlich war.

Die Stacheln von *Galium Molugo, Galium insubricum* und *Galium cruciatum* sind von W e i s s beschrieben worden; ich begnüge mich um so mehr auf seine Beschreibung einfach zu verweisen, als sie keine besonders nennenswerthen Eigenthümlichkeiten darbieten.

Die *Rubiaceen*-Stacheln sind viel früher Gegenstand der Beachtung geworden, als die ihnen in jeder Hinsicht so nahe stehenden der *Gramineen* und *Cyperaceen*; einerseits wohl ihrer bedeutenderen Grösse wegen, andererseits, weil ihre früh erkannte Funktion als Kletter-Organe ihnen ein höheres Interesse verlieh.

Schon Guettard erwähnt dieselben und spricht von ihrem Vorkommen am Blattrande und an den Kanten des Stengels.

Schrank nennt sie Haken-Borsten und erwähnt ihre Funktion als Kletter-Organe und ihre Mitwirkung zur Verbreitung der Samen.

Eble bringt verschiedene Abbildungen derartiger Stacheln: auch erwähnt er ihrer als Haft-Organe.

Meyen giebt eine Abbildung des Stachels von *Galium Aparine*.

Bardt erwähnt die Abwärts-Krümmung als eine besondere Eigenthümlichkeit derselben.

Einen andern Typus von zusammengesetzten Organen, die aus Trichom-Stacheln gebildet sind, finden wir bei verschiedenen Arten der

Mesembryanthemeen.

Eine Anzahl von *Mesembryanthemum*-Arten — ich nenne nur *Mesembryanthemum stelligerum*, *M. radiatum* etc. — stimmen habituell ganz und gar in ihren vegetativen Organen mit *Mamillarien* überein: um den Stamm, dessen Internodien sehr verkürzt sind, stehen dicht gedrängt in spiraliger Anordnung sphäroide oder polyedrische Polster, welche auf ihrer Spitze ein sternförmiges Stachel-Büschel tragen. Sie wiederholen so genau die *Cacteen*-Form, dass man geneigt sein möchte, sie mit dem Namen pflanzlicher Pseudomorphosen zu bezeichnen.

Die Entwicklungs-Geschichte weist von diesen Gebilden nach, dass die polsterförmigen Organe reine Phyllome sind, welche im Vegetations-Puncte ganz normal angelegt werden, und dass die Stachel-Büschel gebildet werden durch einzellige Trichom-Stacheln, deren jeder einzelne durch Hervorwachsen einer Epidermis-Zelle an der Spitze der jungen Blatt-Anlage entsteht. Die Zahl der ein Büschel bildenden Stacheln ist nicht constant.

Diese Form ist insofern von Interesse, als sie deutlich zeigt, wie die Natur auf den verschiedensten Wegen zu demselben Ziele gelangen kann. Hier, bei *Mesembryanthemum*, ist das Blatt-Polster ein echtes Phyllom, das Stachel-Büschel ein Kranz von echten Trichomen der einfachsten Art: dort bei den *Mamillarien* ist das Blatt-Polster ein indifferentes Thallom und das Stachel-Büschel wird durch Organe gebildet, die man nothwendigerweise neben die Phyllome stellen muss: und dennoch sehen sich die fertigen Organe geradezu zum Verwechseln ähnlich.

Untersucht wurden dieselben von Hagen.

Endlich müssen hier noch die Gebilde eine Stelle finden, die sich bei

Cornus mas
(Fig. 18—19.)

finden. Die Blätter dieser Pflanze haben bekanntlich die Eigenschaft, auf zarten Stellen der Haut durch Berührung einen empfindlichen Reiz hervorzurufen, der einige Aehnlichkeit mit dem durch Brennnesseln verursachten besitzt. Diese Eigenschaft rührt her von einer sehr grossen Anzahl kleiner schützenförmiger Stacheln (p. en navette) mit starker Wandverdickung und überaus starken Cuticular-Knoten. Sie sind einzellig und entstehen durch bipolares Auswachsen einer Papille, welche auf die gewöhnliche Art aus einer Epidermis-Zelle hervorgegangen war. Beide Hälften halten in der Entwicklung ziemlich gleichen Schritt. Die fertigen Stacheln lösen sich bei der Berührung ab und dringen in die Haut ein, wobei die Cuticular-Knoten als Widerhaken fungiren.

Schon etwas höher, als die bisher geschilderten einfachsten Formen stehen die Stacheln, welchen wir bei einigen Pflanzen aus der Familie der

Alsinaceen

begegnen. Hier bleibt der Stachel, der übrigens noch ganz die Stellung wie bei den *Rubiaceen* hat, nicht während seiner ganzen Dauer einzellig, vielmehr theilt sich die ihn bildende Zelle in mehrere, die allerdings noch alle in einer Linie liegen. Am ausgeprägtesten ist dieses Verhalten bei

Stellaria Holostea (L.).
(Fig. 20—22.)

Hier ist der Blattrand sowohl als die Blattrippe rauh durch kurze, hakenförmig gekrümmte Stacheln. Sie bestehen aus drei bis vier Zellen, deren oberste scharf zugespitzt ist. Die Wand aller Zellen ist sehr stark verdickt. (Fig. 22.)

Ihre Entwicklung folgt ohne Weiteres aus den Fig. 20—21. Die Krümmung ist nicht bei allen gleichsinnig: einige sind gegen die Blattspitze, andere gegen die Basis gerichtet. Sie stehen in mehreren Reihen.

Cerastium semidecandrum (L.).
(Fig. 23.)

Die Trichome des Blattrandes bestehen aus ca. 1^{mm} langen 4—6-zelligen schlanken Borsten, die an den Theilungs-Stellen der Zellen etwas knotenförmig aufgetrieben sind.

Cerastium arvense (L.)

hat nach demselben Typus wie bei *C. semidecandrum* gebaute, doch viel schwächere Börstchen mit mässiger Wandverdickung.

Arenaria grandiflora (All.)

hat statt der Borsten am Blattrande schwache, beim Trocknen collabirende Haare nach demselben Typus.

Die conischen mehrzelligen Trichome der *Alsinaceen* sind schon von Guettard erwähnt worden.

Den geschilderten der *Alsinaceen* sehr ähnliche Borsten-Haare finden wir bei manchen Pflanzen aus der Familie der

Labiaten.

Sie stehen zerstreut über die ganze Oberfläche der Pflanze. Hiermit im Zusammenhange steht eine stärkere Befestigung auf dem Trag-Organe, welche durch ein besonderes Verhalten der untersten Zelle bewirkt wird.

Interessant sind diese Gebilde insofern, als sie zeigen, wie morphologisch absolut gleichwerthige Organe funktionell und physiognomisch so überaus verschieden sein können. Schon bei den *Alsinaceen* sahen wir, wie ein Gebilde, das bei *Arenaria* ein einfaches Haar ist, bei *Cerastium* und *Stellaria* stachelartig wird. Bei den *Labiaten* sehen wir aus morphologisch gleichwerthigem Material die verschiedensten Trichom-Formen gebildet.

Typisch sind ausser den hier nicht zu betrachtenden Köpfchen-Haaren für diese Familie Trichome, gebildet durch mehrere in einer

Reihe liegende Zellen, die an der Berührungs-Stelle mit der zunächst liegenden etwas angeschwollen sind, und deren unterste durch eine Theilung in 4 bis 5 Zellen eine Art von Fussgestell bildet. Neben diesen typischen Formen kommen noch andere vor, welche auf einer tiefern Entwicklungs-Stufe stehengebliebene Gebilde darstellen, indem an gewissen Stellen, besonders der Blüthen-Theile, die Theilungen der Basal-Zelle sehr wenig zahlreich sind oder auch wohl ganz unterbleiben. Bei

Galeopsis Tetrahit (L.)
Taf. 1, 24—29

ist dieses Trichom als Stachel-Borste entwickelt, die eine Länge von 1,5—2^{mm} erreicht. Ihre Zellwände sind stark verdickt und die Anzahl der die eigentliche Borste componirenden Zellen beträgt 3—4. Ihre Entwicklung ist folgende: Eine Epidermis-Zelle wölbt sich hervor (Fig. 24) und theilt sich durch zu ihrer Wachsthums-Richtung senkrechte Wände, deren unterste wenig über der Ebene der Epidermis liegt. (Fig. 25.) Die oberen Zellen theilen sich nochmals bis zur erreichten definitiven Zellen-Zahl und nehmen ohne Weiteres durch Streckung und Wand-Verdickung die definitive Gestalt an. Die untere hingegen wächst nicht viel in die Länge, sondern bildet eine flache Scheibe am Grunde des Trichoms, theilt sich darauf in meist 5 Zellen der Art, dass gewöhnlich die erste Theilungs-Wand nahezu mit der Längs-Richtung des Trag-Organs zusammenfällt, an welche sich auf einer Seite 2, auf der andern 1 Wand senkrecht ansetzt. (Fig. 26, 27 und 28.) Zuweilen treten in diesen Basal-Zellen noch weitere Theilungen auf, ohne bestimmte Gesetzmässigkeit. Alsdann umwachsen die so gebildeten Zellen den Grund der Stachel-Borste derart, dass die Oberflächen derselben einen Trichter bilden, in den die unterste Zelle des Stachels eingesenkt ist. (Fig. 29.) Eine nennenswerthe Betheiligung des Periblems findet nicht statt; höchstens findet man in der ersten Lage desselben 1—2 getheilte Zellen.

Galeopsis ochroleuca (Link.)

besitzt 2—4 zellige schlanke Haare, die ganz nach demselben Typus angelegt sind, wie bei *Galeopsis Tetrahit*. Sie unterscheiden sich von denselben nur durch geringere Grösse, etwas schmächtigere Gestalt und schwächere Wandverdickung.

Galeopsis Ladanum (L.).

Das Trichom ist wieder etwas kräftiger als das bei *G. ochroleuca*, dem es sonst vollkommen gleicht; von der ersten Zelle an ist es etwas gekniet, aufstrebend.

Stachys silvatica (L.)

besitzt schlanke 3—4zellige Haare, die genau nach demselben Typus angelegt sind, doch ist die Verdickung der Zellwand gering.

Ajuga reptans (L.)

hat auf der Blatt-Unterseite kurz kegelige Haare nach demselben Typus. Die Zellwand ist schwach verdickt.

Ajuga pyramidalis (L.).

Am Kelchrande stehen lange 5—6zellige Haare, die nach demselben Typus gebaut sind. Dieselben sind äusserst dünnwandig und sehr schlaff.

Galeobdolon luteum (Huds.).

Die hier auftretenden Trichome sind schon wieder mehr borstenartig entwickelt. Sie sind 2—3zellig, kurz, starr und gleichen ganz denen von *Galeopsis*. Sie bedecken Stengel und Blätter.

Lamium album (L.).

Stengel und Blätter sind bedeckt mit Trichomen, die denen von *Galeobdolon* ganz ähnlich sind; an den Blatt-Insertionsstellen werden sie länger durch Vermehrung der Zellenzahl.

Nach demselben Typus sind auch die von Weiss und Andren beschriebenen Haare der Blumenkrone und der Staubfäden dieser Pflanze gebaut, nur unterbleibt meist die Theilung der Basal-Zelle.

Lamium maculatum (L.).

Hier begegnen wir wieder vollkommen ausgeprägten Borsten-Haaren. Sie sind meist dreizellig und ganz nach dem beschriebenen Typus angelegt.

Clinopodium vulgare (L.).

Der Stengel ist zottig durch gerade, 7- bis mehrzellige, schlaffe, nach demselben Typus gebaute Haare.

Satureia hortensis (L.).

Die Haare des Stengels sind ganz kurz, 2—3zellig und das Endglied ist bedeutend erweitert. Sonst stimmen sie mit den beschriebenen überein.

Origanum vulgare (L.).

Auf dem Stengel stehen sonderbare schlanke 7- bis mehrzellige Haare, die sichelförmig gekrümmt sind, sonst aber den *Labiaten*-Typus noch deutlich erkennen lassen.

Mentha silvestris (L.).

Die Pflanze ist zottig durch 6- bis mehrzellige schwach gekräuselte Haare nach demselben Typus.

Salvia pratensis (L.).
(Fig. 30.)

Haare vielzellig, genau nach dem bei *Galeopsis Tetrahit* geschilderten Typus gebaut, eine vielfach gekräuselte und verflochtene Wolle bildend. Die Zellwände sind so schlaff, dass sie beim Trocknen collabiren.

Salvia officinalis (L.).

Die Haare dieser Pflanze sind nach demselben Typus gebaut wie die vorhin erwähnten der übrigen *Labiaten*. Sie sind vielzellig, bestehen aus sehr langen, dünnen Zellen mit sehr dünnen Wänden und bilden um die Pflanze eine sehr dichte, stark gekräuselte, verfilzte Wolle.

Wir sehen somit bei den *Labiaten*, wie ein Gebilde, das nach demselben Typus bei der ganzen Familie angelegt ist, bei der einen Species einen vollkommen ausgeprägten Stachel bildet, bei der andern Species zum Wollhaare wird, und noch weiter sogar filzbildend auftritt, während wir in den dazwischenliegenden Stadien die verschiedensten Arten einfacher Haare aus demselben hervorgehen sehen: ein auffallendes Beispiel, wie die Natur morphologisch gleichwerthige Organe zu verschiedenartigen Funktionen verwenden kann.

Guettard hat diese Trichome bei sehr vielen Species als filets coniques et articulées beschrieben.

Schrank nennt sie zum Theil Glieder-Haare, zum Theil Zwischenwand-Haare, je nachdem jede folgende Zelle in ihrer ganzen Länge deutlich dünner ist als die vorhergehende, oder die Zuspitzung des Organes eine mehr stetige ist.

Arendt beschreibt in seinem oben erwähnten Werke eine Anzahl von *Labiaten*-Trichomen.

Weiss schildert die Entwicklungs-Geschichte verschiedener hierher gehöriger Gebilde. Auch verweise ich auf ihn in Bezug auf fernere Litteratur-Angaben.

Rauter beschreibt die Entwicklung der Trichome von *Lamium album* mit ausserordentlicher Genauigkeit. Im Wesentlichen stimmt das von mir an *Galeopsis* Beobachtete mit Rauter's Untersuchungen an *Lamium* überein. Was die entwicklungsgeschichtlichen Details angeht, kann ich nur auf Rauter verweisen.

Ungleich höher, als die bisher angeführten Formen von Dermatogen-Stacheln stehen diejenigen, welche zwar ebenfalls aus einer einzigen Epidermis-Zelle hervorgehen, in ihrer vollendeten Gestalt jedoch solide Gewebekörper bilden. Ihre niedrigsten Formen schliessen sich eng an die vorhergehenden an, indem dadurch, dass die Scheidewände, durch welche die ursprüngliche Mutter-Zelle des Stachels getheilt wird, nicht genau senkrecht auf die Wachsthums-Richtung des Organes auftreten, die Zellen nicht mehr in einer geraden Linie hinter einander, sondern zum Theile neben einander zu liegen kommen. Die oberste Zelle ragt noch ganz frei hervor und nur an der Basis des Gebildes verlieren die einzelnen Zellen mehr ihre Selbstständigkeit, um sich einem parenchymatischen Gewebe einzuordnen. Derartige Gebilde sind typisch in der Familie der

Papaveraceen.

Stengel, Blätter, Kelche und bisweilen Fruchtknoten dieser Pflanzen sind dicht besetzt mit kräftigen Stachel-Borsten, deren definitive Gestalt Fig. 40 zeigt. Ihre Entwicklung wurde studirt an

Papaver Argemone. (L.)

(Fig. 31--40.)

Eine Oberhaut-Zelle wölbt sich hervor (Fig. 31) und theilt sich durch eine schiefe Wand in einen grössern, dem obern Theile des Trag-Organes zugewandten, und einen kleinern Abschnitt derart, dass die kuppelförmige Wölbung an der Spitze des ganzen Gebildes dem grössern Abschnitte verbleibt. (Fig. 32. 33.) Darauf wächst der grössere Abschnitt in die Länge und schneidet meist durch eine zur Wachsthums-Richtung senkrechte Wand eine obere Zelle ab, worauf in dem mittlern Theile durch abwechselnd rechts und links auftretende schiefe Scheidewände ein 2 Zellreihen breiter Gewebe-Körper entsteht. (Fig. 34—35.) Dann tritt auch in dem kleinern Abschnitte der Mutter-Zelle des Stachels eine schiefe Zellwand auf (Fig. 36), und während die oberen Zellen nur in die Länge wachsen und ihre Spitzen nach auswärts krümmen (Fig. 38), dauert im untern Theile die Zell-Theilung noch fort, wodurch die Basis des Organs verbreitert wird (Fig. 39), bis die in Fig. 40 dargestellte definitive Gestalt erreicht ist. Von dieser Reihenfolge der Zelltheilungen kommen indessen bisweilen Abweichungen vor.

Papaver Rhoeas (L.)

hat Stachel-Borsten, die denen von *P. Argemone* ganz ähnlich sehen. Nur ist ihre meist schwächere Spitze durch ein dunkles Pigment gefärbt.

Guettard erwähnt diese Trichome, doch ist seine Beschreibung noch sehr unvollkommen.

Weiss beschreibt diese Trichome recht gut, glaubt aber, dass der untere Theil aus dem Parenchym des Trag-Organes hervorgehe.

Hieran schliessen sich enge an Gebilde, die von Rauter und Andern in der letzten Zeit untersucht sind, nämlich die Stacheln von

Hieracium aurantiacum (L.) und **Pilosella.** (L.)

(cf. Rauter pag. 14, Taf. IV. Fig. 8—19.)

Der Haupt-Unterschied zwischen der Entwicklung dieser Trichome und jener von *Papaver Argemone* besteht darin, dass, während die erste Scheidewand bei den *Papaveraceen* die Mutter-Zelle des Stachels in zwei ungleichwerthige Abschnitte theilt, bei diesen jene Zelle in zwei ganz gleiche Hälften getheilt wird, die sich auch in der weitern Entwicklung als gleichwerthig erweisen. Das End-Resultat dieser Entwicklung sind zweispitzige Trichome, während sie bei *Papaver* einspitzig waren. In Beziehung auf die Details verweise ich auf Rauter, bei dem auch die einschlägige ältere Litteratur angegeben ist.

Azalea Indica.

(cf. Rauter pag. 17, Taf. V Fig. 1—7.)

Die Stachel-Borsten dieser Pflanze stimmen in ihrer definitiven Form sowohl, als in ihrer Entwicklungs-Geschichte mit *Hieracium-*

Borsten überein; höchstens bildet unter den grössten derselben das Periblem einen kleinen »mamelon.«

Hanstein beschreibt den Bau dieser Trichome meines Wissens zuerst.

Mimosa prostrata.

Die Borsten-Haare dieser Art sind von Weiss beschrieben worden und stimmen anatomisch genau mit denen der *Papaveraceen* überein. Die von Weiss gegebene Entwicklungs-Geschichte ist lückenhaft, lässt aber ein dem geschilderten ganz analoges Verhalten annehmen.

Genau denselben anatomischen Bau wie diese besitzen die *Pappus*-Haare vieler Compositen. Ihre Entwicklung stimmt ebenfalls genau hiermit überein. (Warming) Ich kann nicht unterlassen, dieses als weiteres Beispiel für das funktionell und physiognomisch ungleiche Verhalten morphologisch und anatomisch gleichwerthiger Gebilde zu erwähnen.

Eine ganz eigenthümliche Art von hierher gehörigen Gebilden finden wir bei den

Palmen.

Einer eingehenderen Untersuchung verschiedener Palmen-Arten steht die Seltenheit und Kostspieligkeit des Materials zu sehr im Wege, zumal diese Untersuchungen nur an Organen gemacht werden können, die in der unmittelbarsten Nähe des Vegetations-Punktes sich befinden. Die Entwicklungs-Geschichte konnte desshalb nur bei einer Species, nämlich bei *Chamaerops humilis*, verfolgt werden, doch erlaubt die habituell vollkommene Uebereinstimmung der entsprechenden Organe bei den verschiedenen Species von *Livingstonia* und *Corypha*, für dieselben eine analoge Entstehung einstweilen anzunehmen.

Die wahrscheinlich abweichenden Gebilde von *Calamus*, *Daemonorops* etc. konnte ich wegen Mangels an geeignetem Material nicht untersuchen.

Chamaerops humilis
(Fig. 41—48)

hat an den Ecken der auf dem Querschnitt halbkreisförmigen Blattstiele eine Reihe robuster, nach vorn gekrümmter, hakenförmiger Stacheln von sehr verschiedener Länge. Beim Hervorwachsen des

Blattes sind sie bereits vollständig entwickelt. Eigenthümlich ist bei allen an der Spitze eine Narbe, welche bedeckt ist von einer grössern Anzahl kleiner, abgestorbener Zellen, welche darauf schliessen lassen, dass an dieser Stelle im jugendlichen Zustande des Stachels etwas abgebrochen sei. Die Entwicklung dieser Gebilde gehört wohl zu dem Sonderbarsten, was überhaupt über die Entwicklung von Trichomen bekannt ist. Zunächst theilt sich eine der Epidermis-Zellen durch eine schiefe Wand; die eine ihrer Tochter-Zellen wächst aus der Ebene der Epidermis heraus und theilt sich alsdann durch mehrere zu ihrer Wachsthums-Richtung senkrechte Wände. (Fig. 41.) Jedes Glied des so entstandenen Zellfadens treibt nun in spiraliger Reihenfolge eine Ausstülpung, die sich alsbald durch eine Querwand als selbstständige Zelle abgrenzt und zu einem mehrzelligen Faden wird. (Fig. 42 u. 43.) Auf diese Weise kommt ein Schopf von Trichomen zu Stande, der mit seinem Gewirre von vielfach verschlungenen Haaren keine genauern Struktur-Verhältnisse mehr erkennen lässt. (Fig. 44.) In dem hierauf folgenden Stadium (Fig. 45) hat sich dieser Körper um mehr als das sechsfache Maass verlängert, die einzelnen Haare stehen zerstreut und wir haben eine dem blossen Auge deutlich sichtbare, mit Haaren besetzte Stachel-Borste vor uns. Diese bricht beim Entfalten der Blätter regelmässig ab, woher denn auch die oben erwähnte Narbe auf der Spitze des Stachels herrührt. Die Basis der Borste, die sich noch weiter entwickelt, bildet die Stacheln. (Fig. 46, 47, 48.)

Nachträglich treten in der ersten und zweiten Periblem-Lage noch einige Zell-Theilungen auf, wodurch ein stärkerer Bulbus zu Stande kommt.

Unstreitig den Höhepunkt der Dermatogen-Stacheln bilden die Stacheln von

Rubus. (L.)

Sie stellen vollständig solide Gewebe-Körper dar, bei denen die Einzel-Zelle vollständig ihre Selbstständigkeit verloren hat, um sich dem Ganzen einzuordnen. Im fertigen Zustande sind sie den Stacheln der Rosen so sehr ähnlich, dass es schwer, wenn nicht geradezu unmöglich ist, beide Gebilde mit Sicherheit von einander zu unterscheiden.

Dieser Aehnlichkeit mit den Rosen-Stacheln verdanken dieselben, dass sie in neuester Zeit Gegenstand einer Streitfrage geworden sind.

Nachdem durch Rauter's Untersuchungen die periblematische Bildung der Rosen-Stacheln bekannt geworden war, lag es nahe, auch von den *Rubus*-Stacheln eine analoge Entstehung anzunehmen, eine Vermuthung, die auch Sachs in seinem Lehrbuche 3. Aufl. p. 144 ausspricht. Nach des Verfassers Arbeiten, die auch durch die gleichzeitig gemachten Untersuchungen von O. Uhlworm vollständig bestätigt wurden, ist jedoch dieses nicht der Fall, vielmehr sind dieselben reine Dermatogen-Gebilde.

Rubus fruticosus. (L.)

(Fig. 49—53.)

Die Entwicklungs-Geschichte der Stacheln ist folgende: Eine Zelle der Epidermis wölbt sich über ihre Nachbar-Zellen hervor und theilt sich durch eine Wand, welche auf die Längs-Richtung des Trag-Organes senkrecht gerichtet ist, so dass wir bei einem Längsschnitte des Trag-Organes zwei hintereinander liegende Oberhaut-Zellen über die Ebene der Epidermis hervorgewölbt sehen: die Basis, mit der das zu bildende Organ in die Oberhaut eingekeilt ist. (Fig. 49.) (Nebenbei sei bemerkt, dass bis zu diesem Punkte die Anlage eines Stachels und die eines Köpfchen-Haares völlig übereinstimmen.) Soll nun ein Stachel aus dieser noch indifferenten Anlage hervorgehen, so tritt in allen von mir beobachteten Fällen zunächst eine Verbreiterung der Basis ein, indem durch eine der ersten Scheidewand parallele Theilung die eine der beiden Basal-Zellen in zwei getheilt wird, so dass jetzt im Ganzen drei Basal-Zellen vorhanden sind. (Fig. 50.) Dann tritt in der vordersten der 3 Zellen eine schiefe Wand auf, wodurch an die Spitze des ganzen Gebildes eine keilförmige Zelle zu liegen kommt, die jedoch keineswegs den morphologischen Werth einer Scheitel-Zelle besitzt. Die beiden andern Zellen theilen sich ebenfalls durch Querwände (auf die Längsstreckung des Stachels bezogen) und unmittelbar darauf tritt in dem äussern Abschnitte der mittlern Zelle eine Längswand auf. (Fig. 51.) Darauf beginnt eine mehr unregelmässige Allwärts-Theilung, jedoch stets so, dass an der Oberfläche des ganzen Organes eine secundäre Epidermis gebildet wird, indem in allen an die Oberfläche angrenzenden Zellen, die falsche Scheitel-Zelle einbegriffen, tangentiale Wände auftreten. (Fig. 52—53.)

In diesem Stadium ist der Stachel in seinen wesentlichen Theilen angelegt und braucht sich nur zu vergrössern, um seine definitive Gestalt zu erhalten.

Endlich strecken sich die Zellen und zwar mit den obersten beginnend, und verdicken ihre Wände, wie es schon von Suckow für die sehr ähnlichen Gebilde der Rosen sehr eingehend beschrieben ist.

Rubus Idaeus. (L.)

Von den Stacheln dieser Art giebt Uhlworm eine Beschreibung nebst Zeichnungen, die bis auf die Einzelheiten mit den vom Verfasser von *Rubus fruticosus* gegebenen übereinstimmen. Die vom Verfasser untersuchten Stacheln dieser Art neigten sich mehr zu dem bei *Rubus caesius* zu erwähnenden Typus hin, zeigten jedoch, wie auch Uhlworm erwähnt, unter sich nicht unwesentliche Abweichungen. Man kann sie demnach als eine zwischen dem Typus von *Rubus fruticosus* und dem von *Rubus caesius*, welch letzterer ja doch nur eine Reduktion des ersteren ist, schwankende Form annehmen.

Rubus caesius. (L.)

(Fig. 54 — Fig. 61.)

Wie schon angedeutet kann man den Stachel dieser Species als eine Reduktion des Stachels von *Rubus fruticosus* auffassen. Es unterbleibt nämlich die Bildung der dritten Basal-Zelle übereinstimmend mit der schmächtigern Gestalt, welche die Stacheln bei dieser Art im Vergleiche zu denen von *Rub. fruticosus* haben. Im Uebrigen stimmt die Bildung des Stachels ganz mit jenem überein: in der ersten Zelle tritt die schiefe Scheidewand auf, in der zweiten die Querwand und darauf die Längswand in ihrem äussern Abschnitte. (Fig. 55.) Dann wird die falsche Epidermis gebildet etc. Diese Theilungen treten zwar nicht in jedem Stachel schematisch auf, aber beim Vergleichen einer grossen Anzahl von Stacheln findet man diese Art der Theilung als die typische heraus, auf die sich alle Abweichungen zurückführen lassen.

Ueber die weitere Entwicklung des Stachels sei nur kurz bemerkt, dass die Zellen desselben von oben beginnend sich zu strecken anfangen und dabei ihre Wände an der Spitze und an der Peripherie des Stachels stark verdicken (Fig. 59), während im Innern derselben dünnwandiges grosszelliges Gewebe ist. (Fig. 60.) Unter der Basis des Stachels ist ebenfalls dünnwandiges Gewebe an Stelle des sonst unter der Oberhaut liegenden Collenchyms.

Rubus Hofmeisteri
(cf. Uhlworm.)

ist von Uhlworm sehr genau untersucht worden. Es ist dieses eine noch mehr reducirte Form. Von den beiden Mutter-Zellen des Stachels bleibt sehr oft die eine zurück, und selbst wo sie beide gleich stark entwickelt sind, treten die tangentialen Zell-Theilungen oft in den Hintergrund, wodurch der Stachel sehr schmächtig entwickelt wird. Zudem findet, wie in den meisten reducirten Organen, eine grosse Unregelmässigkeit in der Entwicklung, gleichsam ein Suchen nach der typischen Form statt.

Suckow's Angaben über *Rubus australis* und *caesius* sind zu dürftig, als dass sie entwicklungsgeschichtlich verwerthet werden könnten. Ueber das Verhältniss von Stacheln und Köpfchen-Haaren später.

Die im Vorhergehenden geschilderten Formen stellen die wesentlichsten Typen von Dermatogen-Stacheln dar: nicht, als ob hiermit gesagt sein sollte, dass dadurch der ganze Formen-Reichthum erschöpft sei, — im Gegentheil ist dem Verfasser wohl bekannt, dass bei der unendlichen Mannigfaltigkeit der organischen Formen-Entwicklung noch mancherlei abweichende Typen existiren müssen, — sondern nur in sofern, als durch dieselben eine lückenlose, vermittelnde Formenreihe gegeben ist von dem Einfachsten bis zum Complicirtesten der hierher gehörigen Gebilde, in welche sich alle andern Typen ohne Weiteres einreihen lassen, indem sie sich zu den geschilderten verhalten wie Variationen eines gegebenen Themas.

Doch nicht nur existirt eine derartige überleitende Formen-Reihe, die von den einfachsten Dermatogen-Stacheln zu den complicirtesten führt: es führt eine ganz analoge Reihe vermittelnder Gebilde von den einfachsten Dermatogen-Stacheln zu den Periblem-Stacheln.

Den reinen Dermatogen-Stacheln am nächsten stehen, ja es sind noch zum Theil reine Dermatogen-Stacheln, die Gebilde, welche in der Familie der

Asperifolien

vorkommen. Bekanntlich sind diese Pflanzen fast ausnahmslos über und über bedeckt mit verschiedenen Arten von Stachel-Borsten. Meist lassen sich dieser Stacheln zwei Arten constatiren, oft mehr, oft nur ein deutlich ausgeprägter Typus. Stets aber giebt es zwischen den verschiedenen Typen alle möglichen Mittelformen. Die Entwicklungs-Geschichte zeigt, dass beide Typen sich zu einander verhalten wie jüngere und ältere Stadien desselben Organes: mit einem Worte, die kleinern Borsten sind im Jugend-Zustande stehen gebliebene Stadien der grössern. Dieses ist schon von Rauter[1]) für *Echium violaceum* nachgewiesen worden und kann ich seine Angaben nur bestätigen. Diese kleinen Börstchen sind vollständig reine Dermatogen-Stacheln, ebenso wie es die grossen in ihren Jugend-Stadien sind. Letztere jedoch bleiben nicht auf dieser Entwicklungs-Stufe stehen; die Entwicklung geht vielmehr bei den meisten Arten noch einen Schritt weiter, indem das Periblem nachträglich mit in die Bildung des Stachels eingeht und unter der ursprünglichen Borste eine Art von Fuss-Gestell (mamelon nach Guettard) bildet. Die Entstehung dieses Fuss-Gestelles ist ebenfalls von Rauter zuerst für *Echium violaceum* beschrieben worden; der Grund der Stachel-Borste erweitert sich trichterförmig nach aussen und zieht so die umgebenden Epidermis-Zellen mit in die Höhe, so dass sie um den Grund derselben eine Art von Ringwall bilden. Zugleich tritt in den unterliegenden Zellen der ersten und zweiten Periblem-Lage meist ein radiales Wachsthum ein, welches in einigen Zellen der ersten Reihe bis zur Bildung tangentialer Scheidewände führen kann, so dass hierdurch die in dem Dermatogen angelegte Stachel-Borste auf einen vom Periblem gebildeten Gewebe-Körper zu stehen kommt. In Bezug auf Einzelheiten verweise ich auf Rauter's ausgezeichnete Abhandlung.

Im Wesentlichen trifft der hier geschilderte Entwicklungs-Gang auch für die übrigen *Asperifolien* zu. Doch würde man sich irren, wollte man annehmen, dass für alle Species die erreichte Differenzirungs-Stufe dieselbe sei. Während nämlich ein Theil die hier geschilderte Stufe nicht erreicht, giebt es andere Formen, welche bedeutend höher differenzirt sind, als man es bei diesen Gebilden erwarten zu dürfen glaubte. Interessant ist es auch bei dieser Familie zu verfolgen, wie das gestaltende Princip bei der Bildung dieser Gebilde nicht sowohl in einem starren a priori gegebenen Schema, als vielmehr in der Anpassung an äussere Verhältnisse, der gegenseitigen Ergänzung verschiedener

[1]) Rauter l. c. pag. 22, Taf. VI, Fig. 17—20.

Organe, kurz dem Zusammenwirken verschiedener Organe zur Erreichung der grösstmöglichen Leistungsfähigkeit zu suchen ist.

Zu den am niedrigsten stehenden Gebilden dieser Art gehören die Stachel-Borsten von

Lithospermum arvense. (L.)
(Fig. 62.)

Die Blätter dieser Pflanze sind auf beiden Seiten dicht bedeckt mit schlanken, spitzen, stark gegen die Blattfläche geneigten, 0,6—0,8 mm langen Stachel-Borsten, die alle gegen die Blatt-Spitze hin gerichtet sind; auf dem Stengel stehen eben solche Trichome. Sie sind einzellig, ihre Wand ist stark verdickt und stark mit Cuticular-Knoten besetzt. An ihrer Bildung nimmt das Periblem keinen Antheil; es geht ganz glatt unter ihnen weg, ohne auch nur das geringste Wachsthum zu zeigen.

Ihre dicht gedrängte Stellung, so wie ihre starke Neigung gegen das Trag-Organ ersetzen den Mangel einer starken Befestigung.

Myosotis versicolor. (Sm.)

Die Blätter sind noch viel dichter besetzt mit noch viel schwächern und schlankern Borsten, als bei *Lithospermum arvense.* Die äusserste Periblem-Zelle ist durch die Anschwellung am Grunde der Borste sogar etwas niedergedrückt.

Pulmonaria officinalis (L.)
(Fig. 63.)

hat weniger dicht stehende, bis 1,2 mm lange Stacheln. Die grössten derselben lassen eine geringe Betheiligung von Periblem-Zellen der ersten Schichte erkennen, doch hat es meistens bei einer radialen Streckung von einer bis zwei Zellen sein Bewenden; selten treten Theilungen der Zellen auf. Die Spitze des Gebildes ist eine schwach sichelförmig gekrümmte, unten meist merklich angeschwollene Zelle, mit mässig verdickter, fast glatter Wand.

Echium vulgare. (L.)
(Fig. 64.)

Die Betheiligung des Periblems an der Bildung des Stachels ist womöglich noch geringer, als bei *Pulmonaria;* doch gewinnt die Borste durch die stark vergrösserten, ihren Grund umfassenden benachbarten

Epidermis-Zellen einigen Halt. Die Borsten-Zelle selbst wird bis zu 2mm lang und hat überaus stark verdickte Zellwände.

Onosma arenaria. (W. K.)
(Fig. 65.)

Diese Pflanze hat drei Arten von Trichomen: an den Blatträndern schlanke, starre, bis 4mm lange Borsten; auf der Blattfläche zerstreut etwas kürzere Borsten und zwischen diesen ganz kurze, 0,15mm lange steife Börstchen. Die letztern sind reine Dermatogen-Gebilde, bei den beiden erstern tritt eine geringe Betheiligung des Periblems ein, so etwa, dass man zwei bis drei getheilte Zellen in der äussersten Periblem-Lage findet. Ihre Haupt-Stütze jedoch finden diese Stachel-Borsten in einem mehrere Zellen im Umkreise ergreifenden Wachsthum der Epidermis-Zellen, welche die Borste bis auf eine ziemlich bedeutende Höhe umwachsen. Bei den auf der Blattfläche stehenden Borsten betrifft dieses Wachsthum der umgebenden Zellen meist nach jeder Richtung hin zwei Zellen, während bei den Rand-Borsten bis vier Zellen sich daran betheiligen.

Symphytum officinale. (L.)
(Fig. 66.)

Hier ist die Betheiligung des Periblems an der Stachel-Bildung von ungleich höherer Bedeutung. Unter dem Grunde der Stachel-Borste entsteht durch Zell-Theilungen im Periblem ein grösserer Gewebe-Körper, der auf der Spitze die Stachel-Borste trägt. Letztere ist schwach sichelförmig gekrümmt und mit ihrer Spitze gegen die Spitze des Blattes hin gerichtet. Der sie tragende Zell-Hügel schliesst sich dieser Form an: concav auf der einen Seite, ist er auf der basalen Seite convex gebaut, wodurch, da die Concavität in die Fläche des Blattes selbst hineingreift, der Stachel fast die Längs-Ausdehnung des Blattes zur Widerlage bekommt. Zudem sind die Quellungs-Verhältnisse der die Oberfläche des Fuss-Gestelles bildenden Zellen derart, dass der Stachel nur bei voller Turgescenz des Trag-Organes starr aufgerichtet ist. Die Entwicklungs-Geschichte des End-Stachels ist von Weiss sehr ausführlich beschrieben worden. Was die Einzelheiten der Entwicklung anbetrifft, so verweise ich auf dessen Beschreibung.

Borago officinalis. (L.)

Ausser kurzen Börstchen besitzt diese Pflanze starke Stachel-Borsten, die bis 4 mm lang werden und die auf einem bedeutenden periblematischen Zellhügel stehen. Sie sind kegelförmig, starr und ähneln sehr denen der folgenden Species, nur fand ich die unten zu beschreibenden höchsten Entwicklungs-Stadien bei diesen nicht.

Anchusa arvensis (M. B.)
(Fig. 67. 68.)

hat unstreitig die am höchsten differenzirten Stadien aufzuweisen. Das fertige Trichom (Fig. 68) besteht aus einem 2—3 mm langen Dermatogen-Stachel, getragen von einem 1 mm langen schlanken Fuss-Gestell.

Die Pflanze hat kurze, der Epidermis angehörige Börstchen und Stachel-Borsten mit periblematischem Fuss-Gestell. Die meisten der letztern stehen nahezu auf der Differenzirungs-Höhe von *Symphytum* (cf. Fig. 66). Zwischen diesen und durch alle vermittelnden Stadien mit ihnen verknüpft stehen bisweilen ganz eigenthümliche Gebilde, zu denen sich erstere verhalten wie Jugend-Stadien zum vollendeten Organe.

Letzteres ist ganz periblematischen Ursprunges, umgeben von der continuirlichen einschichtigen Epidermis, die in die verschiedenartigsten Leisten etc. sich erweitert, und führt bis auf $^3/_4$ seiner Höhe deutlich ausgebildete Spiral-Gefässe. Die Gefässe setzen sich an die des Blattes an, durchziehen den Stachel in zwei seitlichen Zügen und gehen im obern Theile des Stachels schlingenförmig in einander über. Das innere Gewebe des Körpers besteht oben aus lang gestreckten Zellen, die gegen den Grund hin kürzer werden und unmittelbar in das Gewebe des Trag-Organs übergehen.

Auch diese Stacheln haben, und zwar in viel vollkommenerem Maasse, als jene von *Symphytum*, die Eigenthümlichkeit, nach der verschiedenen Turgescenz der betreffenden Pflanze eine verschiedene Stellung einzunehmen.

Bei den *Boragineen* können wir also verfolgen, wie der Dermatogen-Stachel allmählig sich mit einem aus Periblem-Zellen gebildeten Fuss-Gestell versieht, welches bei den am höchsten stehenden Formen die halbe Länge der ursprünglichen Stachel-Borste und wohl den doppelten cubischen Inhalt derselben erreicht, und welches, worauf besonders Gewicht zu legen ist, deutlich ausgebildete Spiral-Gefässe enthält. Dieses letztere ist um so wichtiger, als damit die alte Zweitheilung von Stacheln und Dornen, als gefässlosen und gefässführenden Gebilden als vollends unhaltbar nachgewiesen ist, denn wo sollte es hinaus, wenn man von den ganz gleichwerthigen Gebilden von *Anchusa officinalis* und *Symphytum* oder gar von den verschiedenen äusserlich ganz gleichen Stacheln von *Anchusa* die einen den Stacheln, die andern den Dornen beizählen wollte?

Ueber die Trichome der *Asperifolien* liegen schon frühe Untersuchungen vor:

Guettard beschreibt u. A. die Borsten von *Symphytum, Cerinthe* und *Myosotis*, letztere jedoch sehr unzutreffend.

Schrank nennt sie Pfriemen-Borsten und beschreibt die von *Borago* und *Echium*.

Schleiden giebt Abbildungen von hierher gehörigen Gebilden und bespricht die Ausfüllung der Haare mit einer Füllmasse.

Mohl beschreibt die Verkieselung dieser und ähnlicher Stachel-Borsten.

Weiss beschreibt sehr ausführlich die Enstehung der einzelligen Spitze von *Symphytum*-Stacheln und andern. Hervorzuheben ist, dass er bei *Anchusa Barrelieri* angiebt, dass die Spitze meist zweizellig sei.

Rauter giebt eine sehr genaue Entwicklungs-Geschichte der Stachel-Borsten von *Echium violaceum*.

Eng hieran kann man anschliessen die

Urticaceen.

Ihre Entwicklung ist nahezu derjenigen der *Boragineen* parallel. Auch hier wird das ursprünglich im Dermatogen angelegte Organ durch nachträgliche Zelltheilungen im Periblem auf die Spitze eines Fuss-Gestelles gehoben, das einen mehr oder minder beträchtlichen Theil des Gesammt-Volumens des Organes ausmacht.

Urtica dioica (L.)

(cf. Rauter pag. 27, Taf. 8, Fig. 20—26. Taf. 9, Fig. 1—8.)

ist sehr genau von Rauter beschrieben worden und kann ich seine Angaben nur bestätigen. Auch hier giebt es zweierlei Formen von Trichomen, welche so aussehen, wie Jugend-Zustand und ausgebildetes Organ. Eine Epidermis-Zelle, welche als Papille über ihre Nachbar-

Zellen herauswächst, ist der Ausgangspunkt beider Gebilde; bleibt die Zelle, abgesehen von einer bedeutenden Verlängerung und starker Wandverdickung, auf diesem Stadium stehen, so erhalten wir eines der Borsten-Haare, welche alle Theile der Pflanze bedecken; — geht dieselbe weitere Differenzirungen ein, so ist das Resultat der Entwicklung ein Brenn-Haar. Diese weitern Differenzirungen bestehen darin, dass die Spitze der langen Papille eine knöpfchenartige Anschwellung abgliedert, dann unter stetem basalem Wachsthum am Grunde eine beutelartige Anschwellung treibt, durch welche die den Grund des Trichoms umgebenden Epidermis-Zellen wallartig emporgezogen werden, während zugleich in der ersten und zweiten Periblem-Schichte Theilungen auftreten, durch welche ein periblematisches Fuss-Gestell unter dem Grunde des Stachels angelegt wird, ganz so wie bei den *Asperifolien.* Nur tritt hierbei der Unterschied ein, dass auch in den die Aussackung umgebenden Epidermis-Zellen tangentiale Theilungen auftreten, was ich bei *Asperifolien* nicht beobachten konnte. In Bezug auf Einzelheiten verweise ich wiederum auf Rauter.

Urtica urens (L.)
(cf. Rauter pag. 29.)

stimmt hiermit ganz überein, nur unterbleiben die tangentialen Theilungen der Epidermis. Die Litteratur über *Urticaceen*-Brennhaare ist sehr reichhaltig. Schon Hooke erwähnt dieselben, später haben Guettard, Schrank, Eble, Meyen, Unger, Kützing, Karsten, Schleiden, Wicke, Mohl und Andere über dieselben geschrieben; bezüglich dieser Litteratur verweise ich auf Weiss.

Weiss giebt eine ganz gute Entwicklungs-Geschichte der End-Zelle, jedoch geht er nicht auf die Entstehung des Bulbus näher ein.

Nach Rauter ist noch die Arbeit Martinet's zu erwähnen, doch bringt sie keine neuen entwicklungsgeschichtlichen Data. Was die Litteratur bezüglich des physiologischen Verhaltens dieser Gebilde angeht, verweise ich auf Martinet.

Wie *Urtica* verhält sich auch

Loasa.

Die Bildung der Spitze beschreibt Martinet als ganz übereinstimmend mit *Urtica.* Die analoge Bildung des Bulbus konnte ich selbst an jungen Keimlings-Pflanzen constatiren; nur erreicht er nicht die Ausdehnung wie bei *Urtica*. Beschrieben sind sie von Meyen und Schleiden.

Wigandia

stimmt, sofern ich an dem mir zu Gebote stehenden Material von jungen Keimpflanzen constatiren konnte, ganz mit dem Obigen überein. Ausser Meyen und Schleiden hat in neuester Zeit Martinet eine Beschreibung nebst Abbildung derselben gegeben.

Humulus Lupulus. (L.)

(cf. Rauter pag. 24, Taf. 7, Fig. 21—30, Taf. 8, Fig. 1 cet.)

Diese Pflanze hat ganz eigenthümliche Trichome, die ihrer abweichenden Gestalt wegen zu allen Zeiten die Aufmerksamkeit rege gemacht haben und die vielfach beschrieben worden sind. In neuester Zeit hat Rauter sie entwicklungsgeschichtlich behandelt und zwar so genau, dass ich seiner Beschreibung nichts hinzuzufügen habe, und mich darauf beschränken kann, ein kurzes Resumé seiner Untersuchungen zu geben.

Das fertige Trichom stellt einen Körper dar, der gebildet wird aus einer sonderbaren End-Zelle, deren oberer Theil den Hörnern eines Ambosses gleicht, während der untere, kolbig angeschwollene in einen bis 1,5 mm langen Gewebe-Zapfen derart eingesenkt ist, dass das nach unten sehende Horn der End-Zelle von der Oberfläche des Trag-Organs weiter absteht, als das gegen die Spitze des Trag-Organs gerichtete. Diese Trichome stehen auf sechs Kanten des Stengels und sind ohne Frage Kletter-Organe.

Die Entwicklung dieser Organe ist kurz die folgende: Eine papillös hervorgewachsene Oberhaut-Zelle wächst an zwei diametral entgegengesetzten Punkten, deren Verbindungs-Linie mit der Längs-Streckung des Trag-Organes zusammenfällt, kegelförmig aus, und zwar constant früher an der der Spitze des Trag-Organes zugewandten Seite. Zugleich bildet sie am Grunde eine mächtige Aussackung, welche die Epidermis-Zellen mit in die Höhe zieht, und unter welcher später das Periblem den oben erwähnten Gewebe-Zapfen bildet durch Theilungen, die, in der ersten Zell-Lage desselben beginnend, sich später tiefer bis in die zweite und dritte Periblem-Reihe ausdehnen. Die Details der

Entwicklung sowohl wie der Anatomie dieser Gebilde sind bei Rauter zu finden.

Die Litteratur über diese Organe ist recht umfangreich.

Guettard spricht von ihnen als filets en navette.

Schrank nennt sie Schützen-Borsten und bildet sie ab Taf. 23, Fig. 105. Auch macht er auf ihre Funktion als Kletter-Organe aufmerksam.

Eble erwähnt dieselben und giebt eine Abbildung derselben.

Meyen spricht von denselben und macht auf den Unterschied von den Drüsen-Haaren aufmerksam.

Weiss giebt zuerst eine Entwicklungs-Geschichte, die aber, zumal in Bezug auf den periblematischen Theil, noch Lücken besitzt.

Rauter endlich hat dieselben erschöpfend behandelt; des Verfassers nachträgliche Untersuchung bestätigte seine Angaben vollständig.

Den Trichomen von *Humulus* sind in manchen Beziehungen an die Seite zu stellen die Schützen-Borsten von *Malpighia*. In neuester Zeit sind sie beschrieben von Martinet.

Eine Reihe sehr interessanter Gebilde, die hierher zu zählen sind, hat in neuester Zeit Uhlworm beschrieben: die Borsten-Haare und Stacheln der

Cucurbitaceen.

(cf. Uhworm.)

Die Jahreszeit erlaubte noch nicht, eine gründlichere Controle-Untersuchung zu machen, doch bei der musterhaften Genauigkeit, die Uhlworm's Arbeiten auszeichnet, ist es wohl erlaubt, diese Angaben ohne Weiteres zu referiren.

Cucurbita Pepo. (L.)

Diese Pflanze besitzt drei Trichom-Formen: zwei verschieden hoch differenzirte Arten von Borsten-Haaren und eine Art von Organen, die als Stacheln bezeichnet werden. Die erste Form ist ein mehrzelliges, spitz endigendes Gebilde, das in der Mitte die grösste Dicke besitzt, an der Basis hingegen stark eingeschnürt ist, und bei welchem in keiner Zelle, die Basal-Zelle mit einbegriffen, andere Theilungen vorkommen als durch Wände, die auf der Längs-Richtung des Trichoms senkrecht stehen (*Alsinaceen*-Typus); die zweite unterscheidet sich von dieser durch Längs-Theilung der Basal-Zelle, wodurch das Gebilde eine conische Gestalt erhält und robuster wird (*Labiaten*-Typus), auch beginnt schon die Bildung eines periblematischen Fuss-Gestelles. Die dritte als Stachel bezeichnete Trichom-Form geht aus der zweiten unmittelbar dadurch hervor, dass die das Fuss-Gestell derselben bildenden Periblem-Zellen sich vielfach theilen und ganz enorm stark vergrössern, wodurch selbstverständlich in der Epidermis, sowohl in der, welche die Basis des Stachels bildet, als in der den periblematischen Höcker umkleidenden, Theilungen vorgehen müssen, die aber stets (mit der seltenen Ausnahme der Quer-Theilung einer der Basal-Zellen der Borste) im Sinne der Dermatogen-Theilungen vor sich gehen. Das End-Resultat dieser Entwicklung ist ein robuster Periblem-Stachel, welcher auf seiner Spitze einen starken Dermatogen-Stachel trägt. Dass sich diese Formen zu einander verhalten wie jüngere und ältere Stadien desselben Organes, liegt auf der Hand. Jeder höhere Typus muss nothwendiger Weise den niedrigern durchlaufen haben, ehe er zu seiner definitiven Gestalt kommen konnte.

Ecbalium agreste.

Die Entwicklung der drei Trichom-Formen ist der bei *Cucurbita Pepo* geschilderten überaus ähnlich; ein Unterschied liegt darin, dass bei Bildung des zweiten und dritten Typus die Längs-Theilung der Basal-Zelle nicht nur auf die unterste der Zellen des Trichoms beschränkt bleibt, sondern dass auch die darüberliegende zweite, ja oft sogar die dritte Zelle der Stachel-Borste längsgetheilt ist, wodurch selbstverständlich eine grössere Betheiligung der Epidermis an der Bildung des Stachels bedingt wird.

Cucumis sativus. (L.)

Noch mehr tritt die Betheiligung des Periblems in den Hintergrund bei den Stacheln von *Cucumis sativus.* Der Stachel ist nahezu ganz Produkt der Epidermis und nur eine ganz geringe Betheiligung des Periblems findet noch statt.

Wir sehen bei dieser Familie, wie vom einfachsten Dermatogen-Stachel zum fast vollendeten Periblem-Stachel ein stetiges Fortschreiten stattfindet, der Art, dass alle Stadien dieser Entwicklung Dauer-Formen werden können, und auf der andern Seite, wie von demselben Anfange ausgehend die Natur dasselbe Resultat auf verschiedenen Wegen zu erreichen im Stande ist. Bei *Cucumis sativus* ist das

End-Resultat einer Entwicklung, welche eine einfache Trichom-Borste zum Ausgangspunkte hat, ein fast reiner Dermatogen-Stachel; bei *Cucurbita Pepo* resultirt aus der vom gleichen Anfange ausgehenden Bildung ein jenem ganz genau analoger Stachel, der jedoch fast reines Periblem-Gebilde ist.

Einzelheiten sind hierüber bei Uhlworm einzusehen, woselbst auch die Litteratur angeführt ist. Hier sei nur erwähnt, dass sie beschrieben sind bei Guettard, Schrank, Eble und Weiss.

Etwas höher als die bisher erwähnten Gebilde stehen die Stacheln der

Dipsaceen,

insofern bei diesen der aus dem Periblem gebildete Theil des Stachels den aus der Epidermis hervorgegangenen um das Vielfache an Grösse übertrifft.

Dipsacus laciniatus (L.).

Stengel und Blätter sind mit ziemlich kräftigen Stacheln besetzt. Dieselben bestehen aus einem kegeligen soliden Gewebe-Körper, dem auf seiner Spitze ein etwas gebogener einzelliger Dermatogen-Stachel eingefügt ist. Die Entstehung dieser Gebilde ist ganz dieselbe, wie wir sie schon bei so vielen Stacheln dieser Gruppe betrachtet haben: Eine Epidermis-Zelle wölbt sich hervor, spitzt sich zu, verdickt ihre Wand, worauf durch Theilungen in der ersten und zweiten Periblem-Schicht der solide Theil des Stachels zu Stande kommt.

Dipsacus silvestris (L.)

(cf. Suckow pag. 21)

hat Stacheln, die nach Suckow's Beschreibung ganz mit den geschilderten von *Dipsacus laciniatus* übereinstimmen. Suckow macht ausserdem aufmerksam auf die Uebereinstimmung zwischen dem oberen Theile dieser Stacheln und den Trichomen des Blüthenkopfes.

Dipsacus ferox.

(cf. Rauter pag. 29.)

Die Stacheln stimmen ganz mit denen von *Dipsacus laciniatus* überein.

Noch eine Stufe näher den Periblem-Stacheln stehen die Stacheln mancher

Solanaceen.

Die Entwicklungs-Geschichte dieser Gebilde wurde vom Verfasser verfolgt bei

Solanum robustum.

(Fig. 69—70.)

Eine Epidermis-Zelle des Stammes, des Blattstieles oder einer kräftigen Blattrippe wächst zu einer Papille aus, theilt sich durch auf ihre Längsstreckung senkrechte Scheidewände derart, dass ein mehrzelliges, einreihiges Haar entsteht. Die End-Zelle dieses Haares ist etwas köpfchenartig vergrössert, anders gefärbt als die übrigen und anscheinend secernirend. Alsdann theilt sich die das Haar tragende Epidermis-Zelle längs und zugleich beginnt im Periblem eine Zell-Theilung, deren End-Resultat ein schlanker Stachel ist, welcher auf seiner Spitze das Haar trägt. (Fig. 70.) Dieses letztere jedoch wird abgeworfen, noch bevor der Stachel seine definitive Gestalt erhalten hat. Die Zell-Theilungen im Periblem lassen sich nicht auf eine bestimmte Regel zurückführen, nur beginnen sie in der äussersten Schichte und setzen sich später tiefer in das Innere fort. Fig. 70—71 zeigt den Vorgang deutlicher als die Beschreibung.

Ausser den Stacheln und mehrzelligen Köpfchen-Haaren hat *S. robustum* noch eine Art von Stern-Haaren, indem auf einem mehrzelligen Stiele ein Quirl von Trichomen entsteht. Das ganze Gebilde gehört der Oberhaut an. Ich erwähne es desshalb, weil es nach Suckow bei anderen Species in naher Beziehung zur Bildung der Stacheln steht.

Solanum ferox.

(cf. Suckow pag. 22.)

Aus Suckow's Beschreibung der Entwicklungs-Geschichte eines dieser Species angehörigen Stachels ersehen wir, dass dieselbe in allen wesentlichen Punkten mit der geschilderten übereinstimmt. Nur kommen in der Anlage des Haares einige Complikationen vor. Das Köpfchen des Haares ist nicht einzellig, wie bei *Solanum robustum*, und ausserdem theilt sich die unterste Zelle des Stieles durch vier senkrecht auf einander stehende Längs-Wände, und jede der vier Tochter-Zellen wächst in ein gewöhnliches Haar aus, so dass das Köpfchen-Haar am Grunde einen viergliedrigen Quirl von Haaren trägt. Die weitern Vorgänge sind ganz mit *Solanum robustum* übereinstimmend. Auch hier fallen die Haare meist vor Vollendung des Stachels ab.

Wir haben hier schon Organe vor uns, die mit vollem Rechte in ihrem vollendeten Zustande ächte Periblem-Stacheln genannt werden können; nur ihre Jugend-Zustände tragen noch das Merkmal eines Dermatogen-Gebildes in Form eines Haares, dem der Stachel als Unterlage dient, wobei jedoch sehr bald die ursprünglich nebensächliche Periblem-Bildung zur Hauptsache wird, indem ihr das Haar nur als untergeordnetes Gebilde anhängt und endlich ganz abgeworfen wird. Somit hat dann das ganze Organ sich in einen echten Periblem-Stachel verwandelt.

Guettard giebt der Gattung *Solanum* neben Stacheln büschelförmige Haare.

Crüger beschreibt die Entwicklung der Stern-Haare von *Solanum Melongena*.

Insofern Haare und Spalt-Oeffnungen als homologe Gebilde betrachtet werden dürfen, ist es auch hier am Orte, eine ganz eigenthümliche Art von Stacheln zu erwähnen, die sich bei

Erythrina spinosissima

(Fig. 71—72.)

findet. Hier ist nämlich sowohl der Stamm der Pflanze, als auch Blattstiel und Blattrippen besetzt mit zahlreichen kräftigen Stacheln. Jeder dieser Stacheln trägt auf seiner Spitze eine besondere, anscheinend ein harziges Sekret absondernde Spalt-Oeffnung (Heterostoma). Wenigstens spricht für die Absonderung einer dem Harz nahestehenden Substanz die intensiv blaue Färbung, welche besonders der Innen-Raum der Spalt-Oeffnung, in geringerem Maasse aber auch das umgebende Gewebe bei einer Tinktion mit Anilin [1]) annimmt. Es liefert dieser Fall einen neuen Beitrag zur Kenntniss der secernirenden Spalt-Oeffnungen, von denen auch ausserdem in neuester Zeit im Bonner botanischen Institut mehrere recht interessante Fälle constatirt wurden. So fand P. Jürgens [2]) secernirende Stomata an dem Nektar-Kragen

---

[1]) Hanstein'sche Mischung: 2 Theile Anilinviolett, 1 Theil Fuchsin.

[2]) Sitzungs-Berichte der niederrheinischen Gesellschaft für Natur- und Heilkunde. Sitzung vom 10. März.

der Compositen und G. Odendall[1] fand an den Endigungen der Blattnerven der *Begoniaceen* ähnliche, von ihm als Neurostomata bezeichnete Gebilde.

Die Entwicklung dieser Gebilde ist einfach: Das Heterostoma ist das Primäre; der Stachel entsteht unter demselben durch Theilungen der unterliegenden Periblem-Zellen ganz wie ein gewöhnlicher Periblem-Stachel. Eine besondere Ordnung der Theilungen habe ich nicht constatiren können.

Somit haben wir denn von den einfachsten Gebilden der Dermatogen-Stacheln eine ununterbrochene Reihe vermittelnder Gebilde zu den echten

Periblem-Stacheln

oder richtiger vielmehr periblematischen Trichom-Stacheln, denn sämmtliche uns bekannte Stacheln von höherem morphologischen Werthe sind ebenfalls periblematischen Ursprunges. Hier dient also das Wort Periblem-Stachel bei vorausgesetzter Trichom-Natur der zu betrachtenden Gebilde nur dazu, um sie von den gleichfalls den Werth von Trichomen besitzenden Gebilden, die in der Epidermis ihren Entstehungs-Heerd haben, zu unterscheiden. Es gehören demnach hierher alle diejenigen Gebilde, welche bei periblematischer Anlage als Anhangs-Gebilde zweiter Ordnung an bereits fertig angelegten Organen entstehen. Hierher sind zunächst die Gebilde zu rechnen, welche von jeher *κατ' ἐξοχήν* den Namen Stacheln (resp. Dornen) geführt haben, und welche zu allen Zeiten die Aufmerksamkeit auf sich gezogen haben und vielfach erwähnt worden sind, die Stacheln von

Rosa.

(Fig. 75 ff.)

Schon Malpighi beschreibt diese Gebilde und giebt eine gute Abbildung von ihnen.

Duhamel sagt, dass sie aus dem Rinden-Gewebe hervorgehen und mit dem Holzkörper nicht in Verbindung stehen.

---

[1]) Odendall: Beiträge zur Morphologie der *Begoniaceen*-Phyllome. Dissertation Bonn 1874.

Sprengel spricht über ihre Entstehung und nimmt an, dass diese mit der von echten Haaren ganz identisch sei.

Schleiden, Schacht, Endlicher und Unger nennen dieselben einfach Oberhaut-Gebilde, wogegen Hofmeister und Sachs (II. Aufl.) kein definitives Urtheil über ihre Natur fällen.

Kauffmann war der erste, welcher auf die Entwicklungs-Geschichte derselben genauer einging; er constatirte ihre Entstehung aus dem Parenchym des Trag-Organes (Periblem). Seine Arbeiten wurden im übrigen Europa kaum bekannt, so dass sieben Jahre später

Unger sie schlechthin als Oberhaut-Gebilde bezeichnen durfte. In den Jahren 1870—1873 sind diese Gebilde an verschiedenen Orten mehr oder weniger gleichzeitig viermal Gegenstand der Untersuchung gewesen. Von diesen Untersuchungen gaben drei das gleiche Resultat, während die vierte abweichend ist.

Die erste dieser Arbeiten ist diejenige Rauter's. Ohne Kenntniss von Kauffmann's Arbeit zu haben, schildert er die Entstehung der Stacheln ganz übereinstimmend mit diesem; nur geht seine Arbeit genauer auf die Einzelheiten der Entwicklungs-Geschichte ein und steht dazu auf dem Standpunkte der neueren Theorien.

Eine Arbeit des Verfassers fand im Wesentlichen dieselben Resultate wie Rauter.

Die dritte Arbeit ist von Uhlworm, sie steht ganz auf Seiten Kauffmann's. Die Stacheln sind nach Uhlworm echte Periblem-Gebilde.

Die vierte dieser Arbeiten ist von Suckow. Sie bringt abweichende Resultate. Abgesehen von der dort behaupteten Identität der Köpfchen-Haare und Stacheln, worüber später, lässt sie diese Gebilde entstehen: »in Gestalt eines kurzen, oben abgerundeten Cylinders, der vorerst aus nur wenigen Zellen der von dem unterliegenden Grund-Gewebe noch kaum unterschiedenen (?) Epidermis besteht«.

Gegen Suckow trat Uhlworm in der botan. Zeitung 1873 Nr. 51 mit einer scharfen, aber gerechten Kritik auf, gegen welche sich Suckow in einer auf der Versammlung der schlesischen Gesellschaft für vaterländische Cultur vom 4. Dec. 1873 gehaltenen Rede vertheidigte.

Verfasser hält sich für berechtigt, die folgende Entwicklungs-Geschichte als die zutreffende hinzustellen. Das erste Stadium des jungen Stachels besteht in einem zum Trag-Organe radialen Auswachsen einiger weniger Zellen der ersten Periblem-Lage, worauf in diesen Zellen sofort Theilungen auftreten, die mehr oder minder tangential zum Trag-Organe verlaufen, wodurch die Epidermis in die Höhe gehoben wird und mehr passiv ebenfalls Zell-Theilungen zeigt, die aber alle im Sinne der Dermatogen-Theilungen vor sich gehen. (Fig. 75.) Alsdann beginnt auch in den Periblem-Zellen, welche den zuerst ausgewachsenen benachbart sind, von diesen als Mittelpunkt ausgehend centrifugal fortschreitend Zell-Wachsthum und Zell-Theilung, wodurch der Grund des Stachels verbreitert wird. Die Theilungen in der ersten Periblem-Schichte dauern fort, während die zweite Periblem-Lage sich ebenfalls an der Bildung des Stachels zu betheiligen beginnt, durch Theilungen, die den erwähnten der ersten Periblem-Lage ganz gleich sind. Hierdurch wird ihrerseits diese emporgetrieben und umgiebt als vielschichtiger Mantel den von der zweiten Lage gebildeten Kern des Stachels. Bei kräftigen Stacheln betheiligt sich sodann noch die dritte, vierte bis fünfte Periblem-Lage an der Bildung des Stachels. (Vgl. Fig. 76—80.)

Die weiteren Vorgänge sind von Suckow sehr weitläufig geschildert worden; in wenigen Worten sei nur erwähnt, dass die dem Periblem entstammenden Zellen des Stachels alsbald von der Spitze beginnend und gegen den Grund des Organes fortschreitend sich strecken, eine an die Tracheiden des Laubholzes erinnernde Gestalt annehmen und sich mit Luft erfüllen; dass das Wachsthum des Stachels beendet ist, wenn diese Streckung die Basis des Stachels selbst erreicht hat. Unter der Basis des Stachels entsteht eine Phellogen-Schicht, die den Stachel vom Trag-Organe abschneidet. Sie wird am Umfange des Stachels angelegt und schreitet centripetal fort, bis sie eine continuirliche Lamelle unter dem Grunde des Stachels bildet, welche das Abfallen desselben bedingt. Unter dem Stachel fehlen die Collenchym-Stränge, die sonst unter der Oberhaut des Stengels verlaufen. Die Phellogen-Schicht ist schon von Kauffmann, später von Rauter und Suckow beschrieben worden.

Verfasser hat sich begnügt, diese Vorgänge bei den *Rosen* im Allgemeinen anzuführen, ohne auf die einzelnen Species einzugehen, aus dem Grunde, weil keine Verschiedenheiten bei den von ihm beobachteten Species vorlagen, die tief genug waren, um dieselben einer speciellen Besprechung bedürftig erscheinen zu lassen. Die ganzen Verschiedenheiten lassen sich zurückführen auf die grössere oder geringere Massenhaftigkeit der betreffenden Gebilde; bald nehmen mehr, bald weniger Periblem-Lagen Antheil an der Bildung der Stacheln, das ist Alles, und dieses wechselt bei derselben Pflanze. Untersucht wurden u. a. *Rosa canina*, *pimpinellifolia*, *ferox*, *centifolia var. muscosa* etc.

Sehr ähnlich der Bildung der Stacheln, wie sie bei *Rosa* geschildert ist, ist die Entwicklung der entsprechenden Organe bei den

Grossulariaceen.

(cf. Delbrouck pag. 19,
Uhlworm pag. 35, Fig. 75—76,
Suckow pag. 24.)

Eine Anzahl von Species dieser Familie besitzt Stacheln, welche in ihrer fertigen Gestalt die grösste Aehnlichkeit mit denen der *Rosen* haben. An Grösse stehen diese Organe kaum hinter den *Rosen*-Stacheln zurück; die starke Wandverdickung der peripherischen Zellen, die abnehmende Festigkeit gegen die Mitte zu, die lang gestreckte Form der Zellen, das absolute Fehlen der Gefässe sind Merkmale, welche beide Gebilde einander sehr nahe bringen. Eigenthümlich ist den Stacheln der *Grossulariaceen* eine Besetzung mit einzelligen Haaren, die wir am *Rosen*-Stachel nicht fanden. Die *Ribes*-Stacheln repräsentiren hauptsächlich zwei Typen: auf den Internodien steht zerstreut ohne bestimmte Ordnung eine grössere oder geringere Anzahl von Stacheln, während ausserdem an der Blatt-Basis ein mehr oder weniger vollständiger Wirtel von Stacheln sich findet. Die Entwickelungs-Geschichte beider ist vollkommen dieselbe. Von den letztgenannten wird später noch wegen ihres Verhaltens zur Blatt-Stellung die Rede sein.

Ribes Grossularia.

(Fig. 81—83.)

Die Internodien sind überaus spärlich mit Stacheln besetzt; nur ganz junge Wurzelschösslinge sind oft stärker stachelig, und an solchen ist die Möglichkeit geboten, diese Gebilde zu untersuchen. Der Wirtel an der Blatt-Basis ist auf drei oder einen Stachel reducirt; oft fehlt er ganz, weshalb man viele Schnitte machen muss, ehe man so glücklich ist, einen Stachel im richtigen Stadium der Entwicklung zu erhaschen.

Ueber die Entstehung der Internodial-Stacheln kann ich nur das von *Rosa* Gesagte wiederholen. Tangentiale Theilungen in der ersten Periblem-Lage, unterstützt von entsprechender Zell-Vermehrung in den tiefern Gewebe-Partieen, wölben die Epidermis kuppelförmig empor, und diese vollzieht mehr passiv Zell-Theilung in der gewöhnlichen Weise (Fig. 81. 82). Gerade so werden auch die Wirtel-Stacheln angelegt, nur von Anfang an mit breiterer Basis. (Fig. 83.)

Ribes triflorum

verhält sich ganz ebenso: nur ist die Zahl der an der Blatt-Basis stehenden Stacheln constanter und zwar meist drei.

Ribes lacustre.

(cf. Uhlworm pag. 37.)

Die Stacheln dieser Species sind von Uhlworm genau untersucht worden und zwar stimmen seine Untersuchungen in entwicklungsgeschichtlicher Beziehung ganz mit des Verfassers Angaben über *R. Grossularia.* Bei dieser Species sind die Internodien dicht mit Stacheln besetzt, und an der Blatt-Basis bilden diese Organe einen vollständigen Wirtel, dessen an der dem Blatt zugewandten Seite stehende Glieder die andern Stacheln an Grösse bedeutend übertreffen, während an der entgegengesetzten Seite dieselben sehr klein und zart bleiben.

Ribes Oxyacantha.

(cf. Suckow pag. 24.)

Was Suckow über diese Gebilde angiebt, stimmt, mit Ausnahme der von ihm aufgestellten Beziehungen zwischen Stachel und Köpfchen-Haar, wovon später die Rede sein wird, mit dem an andern Species Constatirten überein.

Bis auf die neueste Zeit lag keine entwicklungsgeschichtliche Untersuchung über diese Gebilde vor.

Ebenfalls gefässlose Periblem-Stacheln finden wir bei

Gunnera scabra.

(cf. Warming resumé français pag. 2,
Uhlworm pag. 16, Fig. 25. 26.)

Im fertigen Zustande unterscheiden sich die Stacheln dieser Pflanze von denen der *Rose* und der *Stachelbeere* durch viel weitmaschigeres Gewebe mit geringerer Wandverdickung. Wie bei *Ribes* ist auch bei diesen Gebilden die Oberfläche mit verschiedenen Trichomen besetzt, und ihre Epidermis zeigt viele Spalt-Oeffnungen.

Diese Stacheln entstehen gerade so wie die von *Rosa* durch Theilungen im Periblem, ohne dass sich die Epidermis anders als passiv daran betheiligt. Einzelheiten hierüber sind bei Uhlworm erwähnt.

Unter den *Monokotyledonen* finden wir hierher gehörige Bildungen unter den

Smilacineen.

Von den hierher gehörigen Formen untersuchte Verfasser die Stacheln von

Smilax aspera.

(Fig. 84.)

Sowohl die Blatt-Stiele und Blatt-Rippen, als auch besonders orientirte Stellen des Stengels sind mit hakenförmig gekrümmten Stacheln besetzt. Dieselben gehen aus den obersten Lagen des Periblems hervor und werden von der continuirlich einschichtigen Epidermis bedeckt.

Smilax China.

(cf. Suckow pag. 21.)

Ein definitives Resultat über die Abstammung dieser Gebilde erhält man aus Suckow's Angaben nicht; doch ist das Abweichende von *S. aspera*, nämlich drei vereinzelte, spitz auslaufende Zellen an der Spitze eines jugendlichen Stachels, möglicher Weise durch einen nicht genau die Median-Ebene treffenden Schnitt veranlasst. Eine Entscheidung hierüber wagt der Verfasser sich nicht anzumassen.

Eine geringe Abweichung von dem Typus des reinen Periblem-Stachels bietet eine Anzahl von Formen dar, bei denen sich an der Entstehung eines im Periblem angelegten Gebildes nachträglich Zellen der Epidermis betheiligen, derart, dass in denselben Wachsthums- und Theilungs-Vorgänge stattfinden, die nicht zu den gewöhnlichen Dermatogen-Theilungen zu rechnen sind, sondern die im Allgemeinen als die Entstehung eines selbständigen Blastems einleitend aufgefasst werden müssen. Dergleichen Formen müssen mehr oder weniger als rückschreitend zu den Dermatogen-Stacheln hinleitende Bildungen betrachtet werden. Hierher gehört der Stachel von

Acacia acanthocarpa.

(Fig. 85. 86.)

Das Blatt dieser Pflanze ist beiderseits gestützt von einem kräftigen hakenförmigen Stachel, über dessen Verhalten zu Stipular-Bildungen später die Rede sein wird. Dieser Stachel hat in seinem anatomischen Verhalten grosse Aehnlichkeit mit einem *Rosen*-Stachel. Er entsteht aus dem Periblem, ist stark verholzt, gefässlos, und besitzt an der Spitze langgestreckte Zellen mit starker Wandverdickung. An der Spitze des jungen Stachels wölbt sich eine den andern früher vollkommen gleichwerthige Epidermis-Zelle hervor und wächst zu einem kräftigen einzelligen Dermatogen-Stachel aus. Man sieht, das End-Resultat ist hierbei das gleiche wie bei *Dipsacus*, die Entwicklung jedoch gerade die entgegengesetzte; dort finden wir nachträgliche Bildung eines Periblem-Stachels unter dem Grunde eines fertig angelegten Dermatogen-Stachels, hier entsteht ein Dermatogen-Stachel auf der Spitze eines der Anlage nach fertigen Periblem-Stachels.

In dieselbe Kategorie von zu den Dermatogen-Gebilden zurückleitenden Gebilden gehört der Stachel von

Aralia canescens.

(Fig. 87—88.)

Der Stachel wird im Periblem angelegt und bleibt bis zu einem ziemlich hohen Stadium der Entwicklung ein reines Periblem-Gebilde. Später treten im Dermatogen tangentiale Scheidewände auf, die sich rasch vermehren, derart, dass ein grosser Theil des ganzen Gebildes und zumal die Spitze des Stachels von der Epidermis abstammt.

Eine höhere Differenziations-Stufe der periblematischen Trichom-Stacheln ist angezeigt durch das Auftreten von Gefässen in denselben. Eine Anzahl von hierher gehörigen Gebilden entwickelt nämlich deutliche Gefäss-Bündel, die recht schöne Spiral-Gefässe führen, ohne dass wir dadurch irgendwie berechtigt wären, sie von den Trichom-Stacheln zu trennen. Sie sind nämlich ohne alle Frage Anhangs-Gebilde zweiter Ordnung, die meist weit entfernt, direkte Differenzirungs-Produkte des Vegetations-Kegels zu sein, vielmehr sehr spät, und meist später als die übrigen Trichom-Formen, an vollkommen fertig angelegten Organen auftreten. Als Beispiel hierfür kann ich die Stacheln von

Acacia horrida

anführen. In der ersten Anlage gleichen sie ganz den Stacheln von *Acacia acanthocarpa*: sie sind ebensowohl Blasteme zweiter Ordnung wie jene. In der Folge jedoch entwickeln sie recht kräftige Gefäss-Bündel und nähern sich also auch anatomisch vollkommen den Neben-Blättern, für die sie ihre Stellung zu beiden Seiten des Blattes ansehen lässt. Ueber ihr Verhältniss zu den Phyllomen wird später die Rede sein.

Hierher gehören ferner die Stacheln der Frucht von

Datura Stramonium.

(cf. Warming resumé français pag. 2 xyl. II.)

Die Stacheln, mit denen der Frucht-Knoten besetzt ist, zeigen im fertigen Zustande ganz die Struktur dicotyler Kaulome: Ein Kreis von geschlossenen Gefäss-Bündeln umgiebt einen inneren markähnlichen Theil, während er seinerseits von einem rindenähnlichen Theile umgeben wird. Das Ganze ist umgeben von einer reich mit Spalt-Oeffnungen versehenen Epidermis. Die Entwicklung dieser Gebilde stimmt ganz mit der der *Rosen*-Stacheln überein. Eine Gruppe von Zellen der ersten und zweiten Periblem-Lage zeigt Theilungen, wölbt die Epidermis hervor etc. Während jedoch bei *Rosa* die innere dem Periblem entstammende Gewebe-Masse undifferenzirt bleibt, differenzirt sich dieselbe bei *Datura* später in die oben erwähnten Gewebe-Systeme. Näheres ist bei Warming einzusehen.

Mit der geschilderten stimmt ganz überein die Entwicklung der Stacheln von

Aesculus Hippocastanum (L.)

(cf. Uhlworm.)

Dieselben wurden untersucht und beschrieben von Uhlworm. Die Absicht des Verfassers, diese Arbeit zu controliren, wurde vereitelt durch den Frost, der in seiner Heimath sämmtliche *Aesculus*-Früchte zerstörte, als eben die Köpfchen-Haare der Anlage nach fertig waren, von den Stacheln jedoch noch keine Spur zu sehen war. Als er später in Strassburg neues Material erhielt, waren die Stacheln schon zu weit entwickelt.

Uhlworm schildert die Anlage dieser Stacheln ganz mit der von *Datura* übereinstimmend; die Anlage im Periblem, die Entstehung der Gefäss-Bündel, alles stimmt ganz genau mit *Datura* überein.

Anhang.

Trichom-Stacheln und Köpfchen-Haare.

In seiner Arbeit »Ueber Pflanzen-Stacheln und ihr Verhältniss zu Haaren und Dornen« sagt Sigismund Suckow über die Köpfchen-Haare: »Sie haben ganz dieselbe Entstehungsweise wie die Stacheln und gleichen in ihrer vollständigen Grösse gänzlich Stacheln im Jugend-Zustande; sie sind nichts als solche, die nicht zu ihrer definitiven Entwicklung gelangt sind«.

Obwohl Verfasser bei seinen früheren Untersuchungen über Stacheln nie speciell die Entwicklungs-Geschichte der Köpfchen-Haare ins Auge gefasst hatte, so schien es ihm doch befremdend, dass ihm eine so nahe Beziehung dieser Gebilde zu den Stacheln entgangen sein sollte. Desshalb unterzog er Stacheln und Köpfchen-Haare mehrerer Pflanzen-Genera einer vergleichenden entwicklungsgeschichtlichen Untersuchung und theilt in Folgendem kurz seine Resultate mit.

Rubus.

(Fig. 89–94.)

Bei den verschiedenen Arten von *Rubus* kommen besonders zwei verschiedene Typen von Köpfchen-Haaren vor: keulenförmige und kugelige; erstere wurden vom Verfasser entwicklungsgeschichtlich bei *R. fruticosus*, letztere bei *R. caesius*, wo sie beide Male recht charakteristisch auftreten, untersucht. Den letzteren Typus untersuchte O. Uhlworm bei *R. Hofmeisteri*, bei dem noch eine Anzahl anderer Köpfchenhaar-Formen auftritt. Schon Uhlworm's Untersuchungen beweisen, dass es sich hier nicht um Formen handelt, die auf einer niedern

Entwicklungs-Stufe stehen geblieben sind, sondern dass es sich höchstens um von einem Punkte aus divergirende Entwicklungen handeln kann. Doch wie man schon aus der Stachel-Entwicklung der verschiedenen *Rubus*-Arten sehen kann, ist *R. Hofmeisteri* das möglichst ungünstig gewählte Object, da gerade bei dieser Art die Stacheln am indifferentesten sind. Viel deutlicher zeigt sich die Divergenz beider Typen bei *R. fruticosus.* Hier ist allerdings das Anfangs-Stadium beider Gebilde das gleiche: Eine Epidermis-Zelle wölbt sich etwas über die umgebenden hervor. Auch der folgende Schritt ist noch der gleiche: Die Epidermis-Zelle theilt sich durch eine auf die Längs-Streckung des Trag-Organes senkrechte Wand in zwei Zellen, die Basis, mit der das zu bildende Organ in die Epidermis eingekeilt ist. (Fig. 89a und Fig. 49.) Doch schon beim nächsten Schritte beginnt die Divergenz der Entwicklung. Während beim jungen Stachel für die Verbreiterung der Basis Sorge getragen wird, indem die eine Zelle durch eine der zuerst gebildeten parallele Wand wieder getheilt wird, so dass jetzt das zu bildende Organ auf dem Längs-Schnitte mit drei Zellen in die Epidermis eingekeilt ist (Fig. 50) und sich in der vorhin geschilderten Weise zum Stachel entwickelt, bleibt die Basis des Köpfchen-Haares auf dem Längs-Schnitt stets zweizellig; es tritt nur eine zu der ersten senkrechte Wand in der einen oder in beiden Zellen auf und die so entstandenen drei oder vier Zellen wachsen einfach durch mit der Oberfläche der Epidermis parallele Theilungen zu einem drei- bis vierreihigen Faden aus, dessen oberste Zellen durch stärkeres Wachsthum und Hervorwölben ihrer freien Flächen die keulenförmige Gestalt des Köpfchen-Haares bedingen. (Fig. 89. 90.) Man sieht, hier tritt die Divergenz sehr frühe ein; mit der zweiten Zell-Theilung ist eine durchgreifende Verschiedenheit der beiden Gebilde angezeigt, die mit jeder ferneren Theilung nur grösser wird.

Bei *Rubus caesius* tritt diese Divergenz etwas später ein, wie auch a priori zu erwarten war: es unterbleibt hier die Bildung der dritten Basal-Zelle, die charakteristisch für die Stachel-Natur des fraglichen Gebildes bei *R. fruticosus* war. Doch tritt auch hier die erwähnte Verbreiterung der Basis sehr bald durch innere Theilungen und durch Anschluss der benachbarten Zellen ein, während sich das Köpfchen-Haar durch eine zur ersten senkrechte Theilung und Auswachsen in einen drei- bis vierreihigen Faden alsbald legitimirt. In einem Stadium, das noch recht weit von einem fertigen Köpfchen-Haare entfernt ist, sind beide Formen schon gar nicht mehr zu verwechseln. (Fig. 55 und Fig. 92.) Das ganze Verhalten erläutern die Fig. 54—57 und Fig. 91—94 deutlicher, als jede Beschreibung. Erschwert wird die Untersuchung dadurch, dass Mittel-Formen zwischen beiden Bildungen existiren, wozu auch die eine oder andere der von Uhlworm beschriebenen Formen wohl zu rechnen sein dürfte.

Nach dem Gesagten scheint es dem Verfasser erwiesen, dass ein Stachel bei *Rubus* sich nicht zu einem Köpfchen-Haare verhält, wie ein älteres Stadium eines Gebildes zu einem jüngern, sondern dass dieselben höchstens homologe, aber von den frühesten Stadien an in ihrer Entwicklung divergirende Organe sind.

Rosa.

(Fig. 95—104.)

In Betreff der *Rosen* scheint es, als ob Rauter als Zeuge für Suckow's Ansicht angeführt werden könne, da er sagt: »Die frühesten Jugend-Stadien der Stacheln stimmen mit jenen der Drüsen-Haare so vollkommen überein, dass sie füglich am besten gleichzeitig beschrieben werden«. Jedoch hat Rauter hierdurch nichts weiter als eine blosse Homologie beider Gebilde urgiren wollen, indem er später betont, dass vor Anlage des Köpfchens die Entwicklung beider Gebilde divergirt.

Auf Grund einer nochmaligen Untersuchung kann Verfasser selbst eine so weit gehende Uebereinstimmung beider Gebilde, wie sie Rauter aufstellt, nicht zugeben, vielmehr tritt die Divergenz, wenigstens bei den typischen Formen, schon in den allerersten Stadien auf. Denn abgesehen davon, dass beim jungen Köpfchen-Haar die den Periblem-Höcker umgebenden Epidermis-Zellen erheblich gestreckt sind, was beim jungen Stachel nicht der Fall ist, zeigt auch der periblematische Kern beider Gebilde sehr früh bedeutende Verschiedenheiten. Während nämlich beim jungen Stachel der erste Anfang in dem Auswachsen und der Theilung einer Gruppe allem Anschein nach von einander ganz unabhängiger Zellen der ersten Periblem-Lage besteht, lässt sich das junge Köpfchen-Haar auf eine, zwei oder drei Zellen der ersten Periblem-Schicht zurückführen, die so orientirt sind, dass man sie ohne Weiteres als Abkömmlinge derselben Mutter-Zelle auffassen darf. Die weiteren Theilungen verlaufen zwar nicht schematisch genau, so doch mit unverkennbarer Regelmässigkeit nach drei Grund-Typen, jenachdem die Entwicklung von einer oder zwei oder drei Zellen ausgeht. Im einfachsten Falle, wo die Mutter-Zelle des periblematischen Theiles des Köpfchen-Haares direkt ungetheilt an die Bildung dieses Organes geht, wächst dieselbe radial zum Trag-Organ aus, theilt sich und bildet einen Zell-Faden, dessen End-Zelle köpfchenartig angeschwollen ist. Die Epidermis folgt passiv allen Wachsthums-Vorgängen des periblematischen Theiles. Ich kann diese Vorgänge nicht besser veranschaulichen, als wenn ich hinweise auf die von Weiss geschilderten Vorgänge, wie sie bei *Geranium phaeum* und so vielen andern Pflanzen bei Bildung von Köpfchen-Haaren aus der Epidermis vorkommen; nur vergegenwärtige man sich, dass die Zelle, welche den ganzen Prozess einleitet, nicht in der Epidermis, sondern im Periblem liegt, dass also das entstandene Gebilde von einer Lage Epidermis-Zellen rings umgeben ist. Der halbfertige Zustand Fig. 95 erklärt diese Vorgänge ganz deutlich.

Im andern Falle, wo die Entwicklung von zwei Periblem-Zellen ausgeht, sehen wir im frühesten Zustande eine durch eine etwas geneigte Wand getheilte Periblem-Zelle ein Wenig ausgewachsen (Fig. 96), ihre beiden Tochter-Zellen wachsen radial zum Trag-Organe aus und theilen sich durch senkrecht zu ihrer Wachsthums-Richtung gerichtete oder etwas geneigte Wände. (Fig. 97.) Sofort jedoch zeigt sich eine Verschiedenheit zwischen beiden Zellen: Die Theilungen der einen sind so regelmässig wie die bei der ersten Form geschilderten, ihre Tochter-Zellen gross und mehr oder minder genau cylindrisch, während die andere viel mehr, aber kleinere und weniger regelmässige Tochter-Zellen bildet. (Fig. 98.) Die End-Zelle der ersteren Zell-Reihe wird kugelig und wie im ersten Falle Central-Zelle des Köpfchens. (Fig. 99.)

Im dritten Falle sehen wir die Periblem-Zelle durch eine schiefe Wand getheilt (Fig. 100), an welche unter rechtem Winkel alsbald eine andere ansetzt, so dass wir das Bild einer von den beiden andern dachförmig überwölbten Zelle erhalten. (Fig. 101.) Diese dergestalt überwölbte Zelle wird die Mutter-Zelle der Central-Zellreihe, die genau so gebildet wird, wie im ersten Falle, mit dem einzigen Unterschiede, dass sie rings von einer meist mehrschichtigen periblematischen Hülle umgeben ist, die ihrerseits erst vom Dermatogen umkleidet wird. (Fig. 101—104.) Die End-Zelle des Fadens ist bedeutend angeschwollen, und Central-Zelle des Köpfchens. Im fertigen Köpfchen kommen meist noch tangentiale Theilungen in der Epidermis vor.

Diese drei Fälle kommen ohne Unterschied bei verschiedenen *Rosen*-Species durch einander vor, allenfalls mit der Beschränkung, dass der einen Species die eine Art, der andern die andere mehr zusagt.

Bis hierhin wäre die Sache nun ziemlich klar und es läge eine Verwechselung beider Gebilde ziemlich fern, wenn es bei den geschilderten Formen bliebe. Dem ist jedoch nicht so; es giebt noch eine ganze Anzahl vermittelnder Formen, sowohl zwischen den verschiedenen Typen von Köpfchen-Haaren selbst, als zwischen diesen und den Stacheln. So kommt es vor, dass bei einem Köpfchen-Haare am Grunde des Stieles nachträglich so viele Zell-Theilungen vorgehen, dass der Stiel, nachdem das Köpfchen abgefallen ist, für sich allein kräftig genug ist, um mit einem kleinen Stachel verwechselt werden zu können, und andererseits ist es keine Seltenheit, dass ein ursprünglich als Stachel angelegtes Gebilde auf seiner Spitze ein Köpfchen-Haar entwickelt, nach dessen Abfallen dasselbe wieder als Stachel weiter fungirt. Die Möglichkeit einer Verwechselung ist somit überaus nahe gelegt, aber die ersten Jugend-Stadien belehren uns, dass wir hier ebenfalls höchstens mit homologen, keineswegs jedoch mit denselben Gebilden zu thun haben.

Ribes.

(Fig. 105—110.)

Die Stacheln sind Periblem-Gebilde, die Köpfchen-Haare mindestens bei *R. sanguineum* nach Rauter[1]) Dermatogen-Gebilde; somit schiene denn jeder Gedanke an einer Identität dieser beiden Gebilde von vorn herein beseitigt. Jedoch verhält sich die Sache nicht ganz so, wie man nach Rauter's Angaben anzunehmen geneigt sein möchte. Die Entwicklungs-Geschichte der kleineren Art von Köpfchen-Haaren, welche die verschiedenen Organe besitzen, fand Verfasser bei *R. Grossularia* und *R. rubrum* ganz mit der von Rauter geschilderten in Uebereinstimmung. Was jedoch die grossen meist zusammengesetzten Köpfchen-Haare betrifft, wie solche bei Weiss Taf. XXVII gezeichnet sind, und wie sie besonders an der Blatt-Insertions-Stelle

---

[1]) Rauter pag. 12, Taf. III. IV.

den Rändern der dem Blattstiele flügelförmig angewachsenen Neben-Blätter aufsitzen, so machte schon Rauter's Tafel IV Fig. 3 meinen Zweifel an der gleichartigen Entstehung dieser Gebilde und der einfachen Köpfchen-Haare rege. Dieser Zweifel fand in der Untersuchung der betreffenden Gebilde seine Bestätigung. Dieselben entstehen nämlich sowohl bei *R. Grossularia*, wo sie zusammengesetzt sind und meist mehrere Köpfchen tragen, als bei *R. rubrum*, wo sie ein einfaches sehr grosses Köpfchen-Haar darstellen, aus der ersten Lage des Periblems, und zwar genau so, wie es bei *Rosa* geschildert ist. Meist findet man den zweiten Fall vor, indem gewöhnlich auf dem Längs-Schnitte zwei Zellen die Bildung einleiten. (Fig. 105, 106, 109, 110.) Das Köpfchen selbst wird bei *R. rubrum* gebildet, indem die End-Zelle des bevorzugten Zell-Fadens anschwillt und sich die Epidermis-Zellen radiär um dasselbe herum gruppiren. (Fig. 107. 108.) Wie aus dem Gesagten, zumal bei Vergleichung der Figuren, erhellt, ist das Verhalten von Stachel und Köpfchen-Haar genau das gleiche wie bei *Rosa*: es sind homologe aber nicht identische Gebilde.

Bei *R. Grossularia* und *R. rubrum* sind die Anfangs-Stadien ganz genau gleich; soweit es möglich war ihn zu verfolgen, ist auch der fernere Entwicklungs-Gang genau derselbe; ich trage desshalb kein Bedenken, die für *R. rubrum* constatirte Bildung des Köpfchens ohne Weiteres für *R. Grossularia* anzunehmen. Bei Letzterem war es nicht möglich, die Bildung des Köpfchen-Haares zu constatiren, da bei diesem nur an den (zur Zeit schon ganz entwickelten) beiden untersten Blättern des Sprosses die Köpfchen zur Ausbildung kommen. Die spätern Blätter haben nur stumpf endigende Stiele, die meist auf der Spitze ein einzelliges Haar tragen. (cf. Weiss, Taf. XXVII.) Hierin könnte man einen Fingerzeig für die Bedeutung der Köpfchen-Haare für das Knospen-Leben des Sprosses erblicken. Bei *R. rubrum* kommt das Köpfchen stets zur Ausbildung.

Schon Hanstein erwähnt, dass das fertige Köpfchen-Haar eine oder auch zuweilen mehrere bevorzugte Zell-Reihen besitzt, welche sich durch regelmässigeren Bau von den übrigen unterscheiden.

Aesculus Hippocastanum.

Die Entwicklung der Stacheln ist vorhin betrachtet worden; sie entstehen aus dem Periblem und führen deutliche Gefäss-Bündel. Zur

Vergleichung folge in wenigen Worten die Entwicklungs-Geschichte der Köpfchen-Haare. Sie ist fast ganz die der Stacheln von *Rubus*. Im jüngsten Stadium sehen wir zwei bis drei Zellen der Epidermis hervorgewölbt und durch Wände getheilt, die ganz zu denen von *Rubus* in Einklang stehen, nur etwas weniger regelmässig sind. (Fig. 111—113.) Die Zell-Theilungen mehren sich, es bildet sich eine secundäre Epidermis, ohne dass das Periblem anfänglich in die Bildung des Organes einträte, und das Gebilde differenzirt sich zu einem becherförmigen Köpfchen-Haare, das aus demselben plastischen Material aufgebaut ist, wie der Stachel der *Brombeere*. Später treten allerdings unterhalb des Köpfchen-Haares Theilungen des Periblems ein, durch welche dasselbe auf die Spitze eines kräftigen conischen Gewebe-Körpers zu stehen kommt, der nach dem Abfallen des Köpfchens ganz einem Stachel gleicht; das eigentliche Köpfchen-Haar jedoch gehört dem Dermatogen an.

Hier sind also diese beiden Organe Stachel und Köpfchen-Haar, weit entfernt identisch zu sein, nicht einmal homologe Gebilde.

Verfasser glaubt durch diese Beispiele gezeigt zu haben, dass der von Suckow aufgestellte Satz, dass da, wo Köpfchen-Haare vorhanden sind, diese als Jugend-Zustände von Stacheln zu betrachten seien [1], nicht nur nicht in seiner ganzen Allgemeinheit auf Richtigkeit beruht, sondern dass er vielmehr bei vielen typischen Formen und dazu bei denselben, auf welche er seine Behauptungen stützt, nicht zutrifft.

Bei manchen Pflanzen-Species sind allerdings Köpfchen-Haare und Stacheln homologe Gebilde, bei anderen dagegen sind sie gänzlich heterogen — ein Beweis mehr, dass dieselbe Funktion nicht stets an Organe von gleichem morphologischem Werthe geknüpft zu sein braucht.

Ueberleitung zu den Phyllom-Stacheln.

Sahen wir schon bisher die verschiedenen mannigfachen Typen von Trichom-Stacheln sämmtlich durch vermittelnde Formen verknüpft,

[1]) Suckow pag. 20.

derart, dass wir von der einzelligen Stachel-Borste ohne irgend welchen Sprung stetig fortschreiten konnten, bis zum vollendetsten Dermatogen-Stachel einerseits, und andererseits zum periblematischen gefässbündelführenden Gebilde, das anatomisch nicht niedriger organisirt ist, als das dikotyle Kaulom, so sind wir wohl berechtigt, auch hier Mittel-Bildungen zu vermuthen, welche uns die Kluft zwischen Trichomen und Phyllomen ausfüllen helfen. Und in der That begegnen wir einer grossen Anzahl von Formen, welche man, ohne den Thatsachen Gewalt anthuen zu wollen, weder zu den reinen Trichomen, noch zu den reinen Phyllomen rechnen kann, sondern die man nothwendiger Weise als intermediäre Bildungen auffassen muss. Man mag bei der Klassifikation von einem Gesichts-Punkte ausgehen, von dem man will, man mag das Vorhandensein oder das Fehlen der Gefässe, man mag die Stellungs-Verhältnisse zu Grunde legen, man mag die Anlage im Vegetations-Punkte endlich als Kriterium annehmen: man findet offenbar gleichwerthige Organe, von denen das eine Gefässe besitzt, das andere nicht; man findet offenbar regelmässige Stellungs-Verhältnisse, die sich doch auf keine phyllotaktische Regel zurückführen lassen; man findet Organe, die in ziemlicher Entfernung vom Vegetations-Punkte angelegt werden, und die doch noch ganz den Typus von Differenziations-Produkten erster Ordnung repräsentiren: mit einem Worte, man findet Verhältnisse, auf die schlechterdings kein Schema passen will und denen wir gern oder ungern das Recht einräumen müssen, als eigenartige Bildungen aufgefasst zu werden, die sich um keine morphologische Regel kümmern.

Durch derartige Gebilde nun kommt eine vollkommene Uebergangs-Reihe zu Stande, die uns vom reinen Trichom-Stachel bis zum vollständigen Blatt-Stachel sowohl, als auch zum Stipular-Stachel und Blattzahn-Stachel hinleitet, abgesehen von Gebilden, die neben einer jeden vermittelnden Reihe als ganz eigenartige Bildungen einhergehen.

Ich werde in Folgendem einige der wichtigsten Typen namhaft machen. Vorher noch eine kurze Bemerkung. Ich habe als Charakteristikon eines Phyllom-Stachels aufgestellt, dass er entweder als besonderer Hügel im Vegetationspunkte entstehen, oder als Theil-Produkt aus einem noch nicht weiter differenzirten Hügel hervorgehen müsse. Diese Charakteristik weist die Stacheln von *Ribes*, *Acacia horrida*, *A. acanthocarpa* etc. aus der Gruppe der Nebenblatt-Stacheln, unter denen sie zum Theil untergebracht waren, in die Reihe der Trichom-Stacheln, und als solche sind sie auch schon oben betrachtet worden. Andererseits lässt es sich jedoch nicht läugnen, dass ihre genau definirte Stellung und ihr unverkennbares Verhältniss zu phyllotaktischen Regeln sie in gewisse Beziehungen zu Blastemen höherer Ordnung setzen. Desswegen müssen sie hier bei den Uebergangs-Gebilden nochmals erwähnt werden.

Als die erste Annäherung, welche die Trichom-Stacheln zu den Phyllom-Stacheln zeigen, kann man eine gewisse Regelmässigkeit in der Stellung der *Rosen*-Stacheln ansehen. Bei *Rosa rugosa* macht Suckow[1]) darauf aufmerksam, dass an jeder Verzweigung drei bis vier quirlförmig gestellte Stacheln vorkommen, und eine ähnliche jedoch etwas complicirtere Stellungs-Regel wurde von Hanstein an *Rosa canina* beobachtet. Doch sind dieses nur schwache Andeutungen eines Gesetzes, das nicht einmal bei allen Exemplaren consequent durchgeführt ist.

Einem consequent durchgeführten Stellungs-Gesetze begegnen wir zuerst bei den

Grossulariaceen.

(Fig. 115. 116.)

Schon vorhin wurde erwähnt, dass wir bei diesen Pflanzen zwei Typen von Stacheln unterscheiden können: Internodial-Stacheln und blattstützende Stacheln. Erstere sind ganz gewöhnliche Trichome ohne irgend welche Andeutung zu einer regelmässigen Anordnung; letztere lassen eine Regelmässigkeit ihrer Stellung nicht verkennen. Bei *Ribes Grossularia* treten dieselben meist in der Dreizahl am Grunde der Laub-Blätter auf und zwar so, dass einer am Rücken und je einer auf jeder Seite der Blatt-Insertions-Stelle aufsitzt, also die beiden letztern in der normalen Stellung der Neben-Blätter; oft ist nur der rückenständige entwickelt, oft die beiden andern. Bei *Ribes triflorum* ist die Dreizahl regelmässiger beibehalten, als bei dem genannten, und bei *Ribes lacustre* ist ein ganzer Wirtel von Stacheln am Blattrande vorhanden, der Art, dass der rückenständige am grössten ist, der ihm diametral entgegenstehende am kleinsten. Ein Stellungs-Gesetz ist hier nicht zu verkennen, aber dennoch können wir diesen Gebilden

---

[1]) Suckow pag. 16.

den Werth von Phyllomen nicht beilegen, da im Vegetations-Punkte keine Spur von ihnen vorhanden ist; sie treten vielmehr erst an recht weit entwickelten Blättern als Anhangs-Gebilde zweiter Ordnung auf. Fig. 115 und 116 zeigen das erste Auftreten derselben.

Eine ganz merkwürdige Anordnung zeigen die Stacheln von

Aralia canescens.

Bei dieser Pflanze steht mit ausnahmsloser Regelmässigkeit auf dem gemeinschaftlichen Blatt-Stiel des doppelt gefiederten Blattes jedesmal ein Stachel an jeder Abzweigungs-Stelle eines Paares der opponirt stehenden Fieder-Blättchen, und zwar steht derselbe senkrecht zur Ebene des Blattes. Ein Stellungs-Gesetz lässt sich hier nicht wegläugnen, aber mit allen phyllotaktischen Regeln steht dasselbe direkt in Widerspruch.

Ganz strenge den phyllotaktischen Regeln untergeordnet sind die Stacheln vieler *Acacien*: sie stehen zu je einem auf jeder Seite des Haupt-Blattes, also ganz genau in der Stellung der Neben-Blätter. In Folge dessen sind sie denn auch schon als Stipular-Stacheln beschrieben worden[1]). Verfasser untersuchte

Acacia horrida.

(Fig. 117.)

Die Pflanze besitzt sehr grosse kräftige Stacheln genau in der Stellung der Neben-Blätter. Dieselben haben deutlich ausgebildete Gefäss-Bündel. Andere Neben-Blätter besitzt die Pflanze nicht. Ein Querschnitt durch den wachsenden Vegetations-Kegel zeigt uns, wie die dort auftretenden Hügel sich ohne Theilung ganz zu Blättern entwickeln, ohne dass von den Stacheln die geringste Spur vorhanden wäre. (Fig. 117.) Erst viel tiefer, wenn das Blatt im Wesentlichen schon seine definitive Gestalt erreicht hat, zeigt sich an seinem Grunde ein kleiner Gewebe-Höcker, der sich sehr schnell weiter entwickelt, so dass er bald das Blatt an Grösse übertrifft, sich zuspitzt, Gefäss-Bündel entwickelt und sich in einen Stachel verwandelt. Verfasser kann diesen Gebilden den Werth von Phyllomen keineswegs beimessen, da

[1]) Vgl. u. a. Bischoff: Handbuch der botanischen Terminologie. *Acacia horrida* u. a.

dieselben weit entfernt vom Vegetations-Punkte als Anhangs-Gebilde zweiter Ordnung an bereits fertig angelegten Organen auftreten.

Acacia acanthocarpa.
(Fig. 118—120.)

Das Blatt besitzt rechts und links ein Nebenblatt und ausserdem rechts und links je einen Stachel. Im querdurchschnittenen Vegetations-Punkte sieht man die einfach angelegten Blatt-Höcker, bevor sie irgend eine andere Differenzirung eingehen, sich in je drei theilen, von denen das mittlere sich in das Hauptblatt, jedes seitliche in ein Nebenblatt verwandelt. Von den Stacheln ist auch hier bei jungen Blatt-Anlagen keine Spur zu sehen (Fig. 118); sie treten erst recht spät am Grunde des Blatt-Stieles auf. (Fig. 119.) Diesen Gebilden kann ich daher ebensowenig den Werth von Phyllomen beimessen, als den geschilderten von *A. horrida;* nichtsdestoweniger stehen sie mit einer solchen Regelmässigkeit den phyllotaktischen Regeln entsprechend, dass ein Verhältniss zu Blastemen höheren Ranges ihnen nicht abgesprochen werden kann.

Gehen wir noch einen Schritt weiter, so kommen wir zu Stacheln, welche mit grösserem Rechte den Blatt-Organen als äquivalent an die Seite gesetzt zu werden verdienen: es sind dieses die Stacheln des Kelches von

Agrimonia Eupatoria (L.).
(cf. Warming resumé français pag. 7 xyl. VI, VII, VIII.)

Unterhalb des Kelches dieser Pflanze entsteht ungefähr gleichzeitig mit der Anlage der Carpelle ein fünfgliedriger, mit den Kelch-Blättern alternirender Kreis von Stacheln, dem alsbald in basipetaler Folge noch mehrere Kreise folgen. Der zweite Kreis besteht aus zehn Stacheln derart, dass seine einzelnen Glieder in die Mitte des vom ersten und dritten gebildeten Intervalls hineinfallen. Der dritte alternirt mit dem ersten, ist fünfgliedrig und also den Kelch-Blättern superponirt, worauf noch zwei zehngliedrige Kreise folgen, derart, dass der vierte dem Intervall des ersten und zweiten, und der fünfte dem von dem zweiten und dritten gebildeten Intervall gegenübersteht. Vom sechsten an wiederholt sich diese Reihenfolge, so dass der sechste dem ersten, der siebente dem zweiten superponirt ist. Die Stacheln entstehen ganz wie gefässführende Periblem-Stacheln, haben eine mit Spalt-Oeffnungen versehene Epidermis und eine deutlich abgesetzte, Chlorophyll führende Rindenparenchym-Schicht. Das Nähere über die Stellung und die Entstehung dieser Gebilde ist bei Warming am angegebenen Orte zu finden. Da tritt denn die Frage an uns heran: Sind diese Gebilde Trichome oder Phyllome? Existirte nur ein Kreis, so würde man ihn unbedingt für einen Blattkreis auffassen, entsprechend dem Neben-Kelche von *Fragaria*, *Alchemilla* etc., denn eine basipetale Entwicklung ist in der Blüthe nicht beispiellos, und die Kelch-Blätter sind noch nicht so weit entwickelt, dass man geradezu gezwungen wäre, diese Gebilde als Anhangs-Gebilde zweiter Ordnung aufzufassen; aber die anderen Wirtel? Was macht man aus diesen? Und wenn es Trichome sind, was macht man mit dem Neben-Kelch von *Fragaria*, der doch der ersten Reihe dieser Stacheln homolog ist? Ich muss hier Warming vollkommen Recht geben, wenn er diese undankbare Frage unentschieden lässt, da es ja doch nur ein Streit um Worte ist, und offen eingesteht, dass hier unser morphologisches Schema nicht passt, und dass wir vor echten Mittel-Formen stehen.

Ein weiterer Schritt aufwärts führt uns zu Gebilden, die wir unbedingt als Phyllome auffassen müssen, sowohl was ihre Entwicklung, als was ihre Stellungs-Verhältnisse anbetrifft. Der Grund, wesshalb sie hier unter den Uebergangs-Formen stehen, ist hauptsächlich in ihrer so sehr abweichenden Form zu suchen, und in einigen andern Verhältnissen, die später berührt werden sollen: die Stacheln der

Cacteen.

Schon Kauffmann hat dieselben 1859 ihrer Natur nach richtig erkannt, und da Verfasser, ohne Kenntniss von dieser Arbeit zu haben, im Jahre 1872 mit einer andern Untersuchungs-Methode zu genau dem gleichen Resultate gelangte, so mag diese Uebereinstimmung als Zeugniss für die Richtigkeit beider Untersuchungen gelten.

Das übereinstimmende Resultat beider Arbeiten ist: Die *Cacteen*-Stacheln sind unmittelbare Produkte des Vegetations-Punktes, also, wenn man will, Phyllome und zwar diejenigen Phyllome, welche vor jeder Ruhe-Periode gebildet werden, also äquivalent den Deck-Schuppen der Knospe.

Zu diesem Resultate ist Kauffmann gelangt, indem er die Knospen in dem Momente zu überraschen suchte, wo sie von der

Bildung der einen Art von Phyllomen zur Hervorbringung der andern überzugehen sich anschickten; Verfasser, indem er den zelligen Aufbau des Stachels und des ihn hervorbringenden Vegetations-Punktes einer näheren Betrachtung unterzog. So bestätigen und ergänzen diese beiden Arbeiten sich gegenseitig.

Folgendes ist kurz die Entwicklungs-Geschichte dieser Organe und der Theile des *Cacteen*-Thalloms, die zu ihnen in nächster Beziehung stehen.

Der Vegetations-Punkt der *Cacteen* bildet regelmässig in spiraliger Folge Hügel, die sich in ihrem ersten Auftreten durch Nichts von den Erzeugnissen normaler Vegetations-Punkte unterscheiden. Jeder dieser Hügel differenzirt sich alsbald in zwei, von denen der eine die erste Anlage des Blattes, der andere die der dazu gehörigen Achsel-Knospe darstellt. (Fig. 121, 122, 123, 124, 125 und 127.) Dann entstehen in dem Winkel zwischen Blatt-Anlage und Achsel-Knospe neue Hügel (Fig. 121—128), die sich bald conisch zuspitzen und in die Länge strecken, indem sie ihre Zellwände stark verdicken, während zugleich an ihrer Oberfläche die für die Stacheln so charakteristischen Oberhaut-Gebilde in Form von Schuppen, Widerhaken etc. entstehen. Bei *Echinopsis* sind die Stacheln vom Grunde des Blattes scheidenförmig umfasst, wodurch schon die Möglichkeit ausgeschlossen ist, sie als Erzeugnisse des Blattrandes aufzufassen. Den thatsächlichen Beweis aber, dass sie überhaupt nicht dem Blatte, sondern der Achsel-Knospe angehören, liefert ein feiner Längsschnitt durch diesen Vegetations-Punkt (der Achsel-Knospe) und die jüngste Stachel-Anlage bei einer

Opuntia.

(Fig. 121, 122, 123, 126, 129. Fig. 131, 132, 133.)

Ein solcher (Fig. 131. 132) lieferte ein fast schematisch genaues Bild eines Vegetations-Punktes mit seiner jüngsten Blatt-Anlage. Man kann jede Periblem- und Plerom-Reihe bis auf die betreffenden Initialen zurückverfolgen, der Art, dass es keinem Zweifel unterliegen kann, dass dieser Höcker aus dem Vegetations-Punkte der Achsel-Knospe hervorgegangen ist wie ein anderes Blatt aus einem normalen Vegetations-Punkte. Zugleich zeigt schon die conische Gestalt des ganzen Organes, dass es sich hier um die Bildung eines Stachels und nicht eines Laub-Blattes handelt.

In Bezug auf die Entstehungs-Folge der Stacheln giebt der dickere Schnitt Fig. 133 bessere Aufklärung. Auf der dem Stamme abgewendeten Seite hat der Vegetations-Punkt drei Stacheln gebildet; der erste und dritte liegen hinter der Schnitt-Fläche, der zweite ist durchschnitten; zwischen der Ebene von 1 und 3 einerseits und 2 andererseits liegt der Vegetations-Punkt. Auf der dem Stamme zugewandten Seite deutet eine schwache Hervorwölbung das erste Auftreten eines Stachels auf dieser Seite an. Man kann schon hieraus den Schluss ziehen, dass die Entwicklungs-Folge der Stacheln folgende ist. Zuerst entstehen auf der dem Stamme abgewandten Seite (derjenigen, wo der meiste Raum vorhanden ist) die Stacheln in zickzackförmiger Folge, später erst treten auf der dem Stamme zugewandten Seite Stacheln auf, wenn durch Hervorschieben der Knospe dort hinreichender Raum gewonnen ist. (cf. Fig. 129.)

Ich habe das Genus *Opuntia* zum Ausgangs-Punkte genommen, da dasselbe als dasjenige, in welchem die wenigsten nachträglichen Verschiebungen vorkommen, alle diese Verhältnisse am übersichtlichsten zeigt. Später ist es dann leicht, die hier gewonnenen Resultate auf die andern Formen zu übertragen, indem die hier vorkommenden Abweichungen als Folge von durch den ganzen Habitus bedingten Gewebe-Verschiebungen leicht zu verstehen sind. Bei

Peireskia

(cf. Kauffmann, Fig. 3. 4.)

bleiben alle Theile in der normalen Lage: es finden gar keine Verschiebungen Statt. Daher kommt es denn, dass sich der Habitus am wenigsten von dem normaler dikotyler Pflanzen entfernt.

Von den übrigen Formen zeigen die geringsten Verschiebungen ausser *Opuntia* die Genera *Phyllocactus* und *Disocactus*. Stärkere Verschiebungen kommen vor bei

Cereus.

(Fig. 124.)

Es wächst hier der untere Theil des Hügels, aus dem Blatt und Achsel-Knospe entstehen, zu einer Art von Podium aus, auf dem seitlich auf der dem Hauptstamme zugekehrten Seite Vegetations-Kegel und Stacheln angeheftet erscheinen. Dieses Podium ist weder als Phyllom, noch als Kaulom zu betrachten; es ist ein ganz indifferentes

Blastem, das seinen Ursprung dem basalen Theile des primären Hügels verdankt, welcher die Differenzirung in Phyllom und Kaulom unterlassen hat und sich einfach vergrössert, ohne sich über den Zustand eines indifferenten Thalloms zu erheben.

Noch weiter geht diese Verschiebung bei

Echinopsis und *Echinocactus*.

(Fig. 125 und 130.)

Hier nimmt das den Vegetations-Kegel sammt den Stacheln tragende Podium eine solche Grösse an und wird vom Blatte derart scheidenförmig umfasst, dass später die Stacheln bis über die halbe Höhe des Blattes emporgehoben erscheinen und hier als ein Büschel aus der vom Blatte gebildeten Scheide hervorsehen. Später verschmelzen diese Podien alle zu gemeinschaftlichen Längs-Rippen, auf denen die Stachel-Büschel, am Grunde verdeckt von kleinen Schuppen (den Blatt-Rudimenten), spiralig ($^8/_{13}$) angeordnet sind. Eine fernere Folge des *Echinocactus*-Habitus ist die, dass die Stacheln nicht mehr regelmässig zickzackförmig stehen, sondern in Folge der Einzwängung in die enge Blatt-Scheide manche Abweichung in der Stellung zeigen.

Ihren Höhepunkt erreicht diese Podium-Bildung bei

Mammillaria.

(Fig. 127. 128.)

Hier wuchert unter dem minimalen Blatt-Reste das Gewebe derart, dass ein grosser Höcker entsteht, der auf seiner dem Stamme abgewandten Seite eine fast verschwindende Spur eines Blattes, auf der dem Stamme zugewandten Seite den Vegetations-Punkt trägt, der nun, zwar ohne Nothwendigkeit dennoch die bei den anderen *Cacteen* geltende Regel beobachtend, auf der abgewandten Seite die ersten Stacheln bildet. Im fertigen Zustande trägt jeder Höcker ein sternförmiges Stachel-Büschel ohne die mindeste Spur eines Blattes.

Die fertig gestellten Stacheln verholzen in kurzer Zeit. Doch wozu sollten diese fast steinharten Körper dienen, wenn sie im weichen Parenchym des *Cacteen*-Stammes steckten? Müssten sie nicht vielmehr durch jeden Stoss ins Innere getrieben werden und dort Zerstörungen anrichten? Um dieses zu verhüten müssen sie an ihrer Basis durch resistenteres Gewebe fixirt werden. Zu diesem Behufe tritt zugleich mit dem Verholzen der Stacheln an ihrem Grunde ein dem Kork-Cambium ähnliches Gewebe auf, das periodisch in rascher Folge Schichten derberer Substanz hervorbringt, durch welche die Stacheln auf das festeste mit einander verkittet werden, so dass die schlummernde Knospe nunmehr durch eine massive, mit nach allen Richtungen hin starrenden Stacheln besetzte Korkplatte gegen äussere Insulte jeder Art geschützt ist. (Fig. 134.)

In der nächsten Vegetations-Periode entwickelt sich die Knospe von *Opuntia*, *Cereus* und verwandten Formen ruhig weiter, bildet zuerst neue Stacheln und dann allmählig Laub-Blätter, so dass es oft gelingt, vermittelnde Formen zwischen beiden zu finden. (Kauffmann.) Zu diesem Weiterwachsen ist nun erforderlich, dass die oben erwähnte Korkplatte gesprengt wird, und scheinen mir zu diesem Behufe die gerade bei diesen Gattungen so stark entwickelten und so sehr quellungsfähigen Schleim-Zellen dienen zu sollen. Bei *Echinopsis* und *Echinocactus* entsteht der neue Achsel-Spross aus einer andern Knospe, welche sich später oberhalb der stachelbildenden entwickelt. Bei *Mammillaria* wird die auf der Spitze des Podiums stehende Knospe stets entwicklungsunfähig; am Grunde derselben entstehen oft Adventiv-Knospen, die Stacheln bilden, und zuweilen in neue Triebe auswachsen. (*M. multiceps* Fig. 128 c.)

Nach dem bisher Mitgetheilten liegt kein Grund vor, die Stacheln der *Cacteen* nicht ohne Weiteres unter die Phyllom-Stacheln zu stellen. Und doch glaube ich, nicht mit Unrecht sie den Uebergangs-Gebilden angefügt zu haben und zwar aus folgenden Gründen:

Zunächst besitzen die Stacheln der *Cacteen* ganz die Struktur der Trichom-Stacheln; sie entbehren (wenigstens die eigentlichen Stacheln) vollständig der Gefäss-Bündel, höchstens verirrt sich das eine oder andere in die Papille, der der Stachel aufsitzt.

Wichtiger aber für ihre Stellung unter den Uebergangs-Gebilden ist der Umstand, dass sie von ganz verkümmerten Sprossen erzeugt werden, dass der sie bildende Vegetations-Punkt so frühe aufhört, weiter entwicklungsfähig zu sein, dass er endlich dem Blatt-Podium als ein so anscheinend bedeutungsloses Neben-Organ angefügt ist, dass man ihn bei *Mammillaria* nicht wieder erkennen würde, wenn nicht die Vergleichung mit *Opuntia* seine Bedeutung aufklärte.

Endlich spricht für die Stellung dieser Stacheln unter den Uebergangs-Gebilden das stete Fehlen von Achsel-Knospen bei den Stacheln.

Der Hügel, der sich bei der Bildung normaler Laub-Blätter in Blatt und Achsel-Knospe differenzirt, unterlässt diese Differenzirung und verwandelt sich ganz in einen Stachel. Darin scheint mir ein nicht zu unterschätzendes Moment bei der Beurtheilung des morphologischen Werthes der Stacheln zu liegen.

Wir können demgemäss mit Recht den *Cacteen*-Stachel ein phylloides Blastem nennen, dem sich aber immerhin nicht alle Beziehungen sowohl zu Trichomen als zu Thallomen absprechen lassen.

Somit sind wir wieder von den zweifellosen Trichom-Stacheln unmerklich Schritt für Schritt durch eine lückenlose Uebergangs-Reihe weiter geführt worden zu den echten

2. Phyllom-Stacheln.

Unter dem Namen Phyllom-Stacheln begreife ich solche stachelige Gebilde, welche als Anhangs-Gebilde erster Ordnung am fortwachsenden Sprosse entstehen, ohne jemals als selbstständige Sprosse fungiren zu können; Gebilde, welche als selbstständige Höcker im Vegetations-Punkte angelegt sind, oder durch Differenziation bis dahin indifferenter Blasteme als gleichwerthige Theil-Produkte oder Ausgliederungen derselben entstehen. Diese Definition schliesst, wie wir schon gesehen haben, eine Anzahl von Gebilden, welche besonders den Nebenblatt-Stacheln zugezählt wurden, aus der Klasse der Phyllom-Stacheln aus, wie die von *Ribes*, verschiedenen *Acacien* etc. Was nun die übrigbleibenden echten Phyllom-Stacheln anbetrifft, so ist zunächst eine Zwei-Theilung derselben nach ihrem morphologischen Werthe in Hauptblatt-Stacheln und Nebenblatt-Stacheln angezeigt.

Nebenblatt-Stacheln.

Die hierher gehörigen Gebilde bieten überaus wenig Abwechselung dar; derselbe Typus wird mit fast schematischer Regelmässigkeit in den verschiedenen Fällen zur Ausführung gebracht. Das Charakteristische des Nebenblatt-Stachels besteht darin, dass er aus einem dem Haupt-Blatte morphologisch gleichwerthigen Theile der primären Blatt-Anlage gebildet wird.

Bei *Acacia horrida* und *Acacia acanthocarpa* konnten wir den Stacheln nicht den Werth von Neben-Blättern zuerkennen, da dieselben weit entfernt vom Vegetations-Punkte am Grunde bereits völlig differenzirter Blätter entstehen; anders verhält es sich bei

Acacia armata.

(Fig. 135.)

Hier zeigt ein Querschnitt durch die Vegetations-Spitze die Blatt-Anlage schon in sehr jungen Stadien dreigetheilt, und es wachsen die beiden seitlichen Theile des ursprünglich einfach angelegten Blatt-Höckers in zwei starke Stacheln aus. Man sieht, im Grunde ist es derselbe Vorgang, den wir bei *A. horrida* und *acanthocarpa* beobachteten; der ganze Unterschied beruht darauf, dass im einen Falle die Blatt-Anlage bedeutend jünger ist zur Zeit, wo der Stachel gebildet wird, als im andern. Zwischen diesen beiden Typen können und werden auch der Wahrscheinlichkeit nach alle Mittel-Glieder existiren, die bei den verschiedenen *Acacien*-Arten den Stachel in allen morphologischen Werthen vom reinen Trichom zum ausgesprochenen Nebenblatt erscheinen lassen.

Echte Nebenblätter sind ebenfalls die Stacheln von

Robinia Pseudo-Acacia.

(Fig. 136.)

Ein Querschnitt durch den Vegetations-Kegel eines vegetativen Sprosses (Fig. 136) zeigt die in spiraliger Reihenfolge entstandenen Blatt-Anlagen. Die jüngsten derselben stellen einfache, niedrige Höcker dar; die darauf folgenden lassen zwei anfangs ganz seichte, später tiefere Furchen erkennen, durch welche der Höcker bald dreispitzig wird. Diese Furchen, welche in einem Unterbleiben des Zell-Wachsthums und der Zell-Theilung an bestimmten Stellen des Gebildes bei kräftigem Wachsthum der andern Theile ihren Grund haben, schneiden immer tiefer in den Höcker ein, so dass wir bald an Stelle des einen Höckers deren je drei sehen, von denen der mittlere, breitere, die Anlage des Hauptblattes, die beiden seitlichen die der Neben-Blätter resp. der Stacheln sind. Die Stacheln bieten in ihrer weitern Entwicklung nichts Bemerkenswerthes; ihre Zellen strecken sich unter starker Wandverdickung, die mittlere Zell-Partie wandelt sich in ein

Gefäss-Bündel um etc. Hier handelt es sich offenbar um echte Nebenblatt-Stacheln, da sie mit dem Hauptblatte als diesem gleichbürtige Theil-Produkte desselben Hügels entstanden sind. Wie alle Nebenblätter eilen dieselben in der Entwicklung dem Hauptblatte weit voraus.

Die bedeutendste Entfaltung finden die Stipular-Stacheln bei den

Euphorbiaceen.

Die in dieser Familie typisch auftretenden Stacheln sind echte Nebenblatt-Stacheln. Jedoch entfernen sich dieselben bei den Arten, welche einen cacteenartigen Habitus besitzen, etwas von der gewöhnlichen Form. Eine Vergleichung zweier hierher gehöriger Pflanzen stellt dieses Verhalten klar.

Euphorbia splendens.

(Fig. 137.)

Blätter und Stämme dieser Art sind normal entwickelt und nicht cacteenartig verschmolzen. Zur Seite der Blätter steht jederseits ein kräftiger Stachel. Ueber die Entwicklungs-Geschichte dieser Stacheln giebt ein Querschnitt durch die Vegetations-Spitze (Fig. 136) Auskunft. Gerade wie bei *Robinia Pseudo-Acacia* entstehen Blatt und Stacheln als einheitliche Anlage, die sich später in drei Hügel theilt, deren mittlerer zum Blatte, und dessen seitliche ohne Weiteres zu Stacheln werden.

Euphorbia trigona.

(Fig. 138 a und b.)

Diese Species hat einen vollkommen cacteenartigen Habitus: säulenförmige Thallome mit dicken, regelmässigen Längs-Rippen, auf denen in spiraliger Reihenfolge paarweise gestellte Stacheln stehen, die an den jungen Trieben zwischen sich ein verkümmertes Blättchen haben. Der Querschnitt durch den tief eingesenkten Vegetations-Punkt zeigt, dass auch diese Stacheln den morphologischen Werth von Stipular-Bildungen haben; sie sind Theil-Produkte des einheitlich angelegten Blatt-Hügels. Alsbald jedoch beginnt am Grunde des dreigetheilten Hügels in einer zwischen Stamm und Blatt neutralen Zone ein sehr starkes Wachsthum, wodurch ein grosses Podium gebildet wird, dem die Erzeugnisse des ursprünglichen Blatt-Hügels als an Masse weit hinter demselben zurückstehende Gebilde aufsitzen. Somit haben wir in den *Euphorbiaceen* und *Cacteen* einen neuen Beleg dafür, wie die Natur denselben physiognomischen Typus durch Gebilde von ganz verschiedenem morphologischen Werthe hervorbringen kann.

Die übrigen Formen von Phyllom-Stacheln, welche nicht Stipular-Bildungen sind, fasst man am besten zusammen in eine grosse morphologische Gruppe unter dem Namen

Blatt-Stacheln.

Es sind hier vereinigt alle stacheligen Gebilde, welche als metamorphosirte Haupt-Blätter oder integrirende Theile derselben aufgefasst werden müssen. Es ist diese Gruppe keineswegs eine einheitliche, was den Habitus der hierher gehörigen Gebilde anbelangt, vielmehr fasst dieselbe physiognomisch sehr unähnliche Typen unter sich. Dennoch mussten dieselben, da hier der morphologische Werth als Eintheilungs-Princip zu Grunde gelegt ist, in eine Klasse vereinigt werden. Das hier vereinigte Material mag alsdann nach physiognomischen Merkmalen gesichtet werden.

Alle hierher gehörigen Gebilde haben das Gemeinschaftliche, dass sie hervorgehen aus einem im Vegetations-Punkte gebildeten Zell-Hügel, derart, dass entweder der ganze Hügel durch blosses Längen-Wachsthum einen einzigen Stachel hervorbringt, oder dass derselbe mehrere mit ihm zu einem organischen Ganzen verbunden bleibende Auszweigungen bildet, die entweder ganz oder nur in ihrem obern Theile zu Stacheln werden. Man ersieht schon hieraus, wie nahe die Nebenblatt-Stacheln diesen Gebilden stehen. Der ganze Unterschied liegt darin, dass bei erstern die ersten Theil-Produkte des Blatt-Hügels soweit vom Haupttheile des Blattes entfernt stehen, dass sie selbstständige Organe vorstellen. Dem entsprechend finden wir denn auch zwischen ihnen Mittel-Formen verschiedener Art in Gestalt herablaufender Blatt-ränder, geöhrter Blätter etc., die in Stacheln verwandelt sind. (Am häufigsten bei den *Carduineen*. Hier mag es hinreichen, dieselben erwähnt zu haben.)

Wenn nun auch davon abgesehen werden musste, die hierher gehörigen Formen nach morphologischen Gesichtspunkten einzutheilen, so ist es doch zweckmässig, zur Sichtung des gesammten Materials einige prägnante Typen herauszugreifen, um welche sich die verschiedenen Formen gruppiren lassen. Als einen solchen Typus nenne ich die

Blattzahn-Stacheln.

Die Gruppe der Blattzahn-Stacheln ist wohl eine der am wenigsten in sich abgeschlossenen. Denn einerseits ist es wohl nicht möglich, dieselbe gegen die Trichom-Stacheln abzugrenzen, andererseits leitet sie so continuirlich zu den Blatt-Stacheln im engeren Sinne über, dass auch hier eine Abgrenzung zur Unmöglichkeit wird. Nichtsdestoweniger gruppiren sich die hier zu erwähnenden Gebilde so genau um eine Anzahl typischer Formen, dass eine Zusammenstellung derselben wohl gerechtfertigt erscheinen mag.

Die niedrigste Form von Blattzahn-Stacheln finden wir in einer Anzahl von *Monokotylen*-Familien. Das im Uebrigen ganz ungegliederte Blatt trägt am Rande eine Reihe mächtiger Stacheln, und endigt ebenfalls in einer starren Spitze. Diese Gebilde definitiv in die eine oder andere Gruppe zu setzen ist eine Unmöglichkeit; es hängt ganz vom subjektiven Ermessen ab, ob man ihnen den Werth von Phyllomen geben will, oder ob man sie einfach zu den Trichomen stellt. Derartige Gebilde sind die Stacheln der

Pandaneen.

Von diesen untersuchte ich

Pandanus gramineus.

(Fig. 139—141.)

Der Rand des Blattes entwickelt in basipetaler Folge eine ganze Reihe kräftiger Stacheln, die ungefähr um die Zeit gebildet werden, wenn die ersten Gefäss-Bündel im Blatte auftreten. Die Form der Stacheln ist nur eine Weiter-Entwicklung des *Gramineen*-Typus; die erste Anlage stimmt ganz mit der jener Stacheln überein, welche die Schneiden der Grässer bilden. In den jüngsten Stadien sehen wir eine zweigetheilte Epidermis-Zelle, deren eine Hälfte über die Ebene der Epidermis herauswächst und sich zuspitzt, gerade so, wie wir es bei den Gräsern sahen. (Fig. 139.) Während jedoch der Gras-Stachel auf diesem Stadium stehen blieb, geht die Entwicklung bei *Pandanus* noch einen Schritt weiter, indem unter dem Grunde des Stachels ein energisches Wachsthum in der ersten und später auch in der zweiten Periblem-Lage beginnt, wodurch ein Gebilde entsteht, das sich nur durch die einzige grosse Epidermis-Zelle an seiner Spitze von einem normalen Periblem-Stachel unterscheidet (Fig. 140—144), während sein Jugend-Stadium ein Gebilde ist, das wir als Dauer-Zustand bei den *Gramineen* finden.

In dieselbe Kategorie müssen wir setzen die Stacheln der

Bromeliaceen.

Auch hier tragen die mehr oder minder fleischigen Blätter meist am Rande eine Reihe kräftiger Stacheln, welche ihrem Habitus nach jedenfalls als Blatt-Zähne aufgefasst werden dürfen. Die Entwicklung derselben untersuchte ich bei

Hohenbergia.

(Fig. 142—146.)

In der unmittelbaren Nähe des Vegetations-Punktes tragen die Blattränder dieser Pflanze ganz schwächliche, aus einer Reihe überaus zartwandiger Zellen bestehende Haare. Unter einem jeden derartigen Haare tritt alsdann in der ersten Periblem-Lage Zell-Theilung ein (Fig. 142), an der sich alsbald auch die unterliegenden Zell-Schichten betheiligen. Hierdurch kommt ein Stachel zu Stande, der, abgesehen von dem schwachen, dazu noch früh abfallenden Haare ganz einem normalen Periblem-Stachel gleicht. (Fig. 146.)

Die Stacheln von

Dyckia rariflora

repräsentiren genau denselben Typus: Unter einer dem Dermatogen entstammenden Schuppe entsteht ein Stachel durch Theilungen der unterliegenden Periblem-Zellen. Die Schuppe tritt bei der weitern Entwicklung immer mehr gegen die Masse des Stachels zurück und verschwindet schliesslich vollständig.

Pitcairnia dasylirioides.

Halbfertige Stacheln lassen auf eine der geschilderten ganz analoge Entstehung schliessen, doch genügte das mir zu Gebote stehende Material nicht, um die vollständige Entwicklungs-Geschichte zu constatiren.

Tillandsia humilis und *Billbergia purpurea rosea.*

(cf. Uhlworm pag. 43. 44.)

Aus einer Zelle des Dermatogens werden Schuppen gebildet, die durch Theilungen im unterliegenden Gewebe auf die Spitze eines

Periblem-Stachels zu stehen kommen. Es scheint somit diese Art von Stachel-Bildungen für die Familie der *Bromeliaceen* typisch zu sein.

Durch sehr starke Stacheln auf dem Rande der mächtig entwickelten fleischigen Blätter sind ebenfalls ausgezeichnet die

Agaven.

Ich untersuchte diese Gebilde bei

Agave americana.

(Fig. 147—150.)

Die hier auftretenden Stacheln sind zweierlei Art, und zwar stehen dieselben nicht in dem Verhältnisse zu einander wie verschiedene Alters-Stadien desselben Gebildes, sondern sie sind gänzlich heterogene Blasteme. Die eine Art ist ein einfacher Periblem-Stachel (Fig. 147). Seine Entstehung stimmt ganz mit der so oft geschilderten normaler Periblem-Stacheln überein, so dass es nicht nöthig ist, näher darauf einzugehen. Zwischen diesen, doch mit Vorliebe gegen den Grund des Blattes hin, steht die andere Stachel-Art, die im Anfange an Grösse nicht hinter der erstern zurücksteht. Es ist dieses ein reiner Dermatogen-Stachel. Eine Epidermis-Zelle wölbt sich hervor (Fig. 148), spitzt sich zu, die zunächst an beiden Seiten angrenzenden Zellen strecken sich ebenfalls, und jede der hervorgewachsenen Zellen theilt sich durch einige Wände, welche auf ihrer Längs-Streckung senkrecht stehen, worauf später auch einige Längs-Theilungen vorkommen, doch ohne genaue Ordnung. Stets aber ist die Theilung derart, dass das ganze Gebilde conisch wird und an seiner Spitze eine kräftige Zelle, ähnlich wie *Dipsacus*, trägt. (Fig. 149. 150.)

Aloineen.

Auch in dieser Familie giebt es eine Anzahl von Species mit Stacheln auf dem Rande der dicken fleischigen Blätter. Untersucht wurden dieselben bei

Lomathophyllum macrum.

(Fig. 151—153.)

Die hier am Blattrande auftretenden Stacheln bilden eine Combination der beiden bei *Agave* vorkommenden Formen. Zuerst entsteht ein Periblem-Stachel (Fig. 151), dann beginnt eine Streckung der auf seinem Scheitel stehenden Dermatogen-Zellen und es entsteht auf der Spitze des Stachels ein Gebilde, das genau mit dem Dermatogen-Stachel der *Agave* übereinstimmt. (Fig. 152. 153.) Jedes Stadium kann Dauer-Zustand werden.

Aloë arborescens.

(Fig. 154.)

Der Stachel entsteht genau so wie der von *Lomathophyllum*, nur ist er schlanker.

Aloë echinata.

Die Entwicklungs-Geschichte des Stachels stimmt im Wesentlichen mit den beschriebenen *Aloineen*-Stacheln überein, dagegen weicht die Stellung ab, indem auch auf den Blattflächen den Rand-Stacheln völlig gleichgebaute Gebilde vorkommen.

In allen diesen Fällen lässt es sich nicht entscheiden, ob hier Phyllom-Stacheln oder Trichom-Stacheln vorliegen; für jede Ansicht lassen sich gleich viele Gründe vorbringen. Physiognomisch bilden dieselben Blattzähne, sie entstehen mehr oder minder in der Ebene des Blattes; hingegen stehen bei derselben Pflanze andere offenbar ihnen gleichwerthige senkrecht zu dieser Ebene. Ihr periblematischer Ursprung lässt sich ebensogut mit ihrer Trichom-Natur als mit ihrer Phyllom-Natur vereinigen, während andererseits die Betheiligung des Dermatogens durchaus nicht entscheidend für ihre Trichom-Natur ist. Sie sind die ersten Ausgliederungen des bis dahin undifferenzirten Blatt-Höckers; aber sie bleiben auch die einzigen. Man sieht, von jedem Standpunkte aus erscheinen sie uns als intermediäre Bildungen zwischen Trichom und Phyllom.

Viel höher stehend als diese Gebilde und unzweifelhafte Blatt-Gebilde sind die Blattzahn-Stacheln mancher *Dikotylen*. Wegen der grossen Aehnlichkeit aller dieser Formen erwähne ich nur

Castanea vesca.

(Fig. 155—158.)

Zur Zeit, wenn die ersten Spuren der Gefässe in der bis dahin ganz homogenen Blatt-Anlage sich zu zeigen beginnen, findet man auf dem Rande die jüngsten Stadien der Blatt-Zähne in Gestalt flacher, aus Abkömmlingen von Periblem-Zellen der ersten und zweiten Lage gebildeter Höcker, durch welche der Blattrand eine wellenförmige Contour erhält. (Fig. 155.) Diese Höcker wachsen unter steter Zell-Vermehrung in der Art, wie es bei den Periblem-Stacheln erwähnt ist, in die Länge und biegen sich sehr stark gegen die Spitze des Blattes hin. Auf dem Scheitel des Blattzahnes entstehen aus Zellen der Oberhaut Köpfchen-Haare mit einreihigem Stiel. In der Mittel-Linie des Gebildes treten bald mehr Längs- als Querwände auf, wodurch dort längere schmalere Zellen entstehen. An dieser Stelle treten auch die ersten Gefässe auf. Im fertigen Zustande hat der Stachel ein sehr starkes, die Mittel-Linie einnehmendes Gefäss-Bündel, dem derselbe hauptsächlich seine Starrheit verdankt, an welches sich seitlich bogenförmig verlaufende Gefäss-Bündel ansetzen. (Fig. 158.)

Eine Stufe höher als diese Gebilde stehen die Zahn-Stacheln von

Ilex Aquifolium.

(Fig. 159. 160.)

Die jüngsten Stadien dieser Stacheln sind mit denen von *Castanea* ganz identisch; der Rand der jungen Blatt-Anlage wird durch Höcker, welche der ersten bis zweiten Periblem-Lage entspringen, wellenförmig. Der einzige Unterschied zwischen dieser Blatt-Anlage und der erstgenannten beruht darauf, dass das Blatt von *Ilex* dicker ist, und dergestalt die jungen Zähne etwa wie bei einem fertigen Aloe-Blatte ein wenig einwärts gekrümmt sind. Alsbald jedoch zeigt sich eine Abweichung. Nachdem zuerst in der Mitte, wo das Gefäss-Bündel angelegt werden soll, die Zellen eine langgestreckte Gestalt angenommen haben, zeigt sich auch in den oberflächlichen Periblem-Schichten eine Streckung der Zellen, welche nach innen fortschreitet, bis sie die vom Gefäss-Bündel nach aussen hin fortschreitende Zone von gestreckten und stark verdickten Zellen erreicht hat. Die gestreckten Zellen bilden alsbald ein prosenchymatisches Gewebe mit äusserst stark verdickten Wänden. Da diese Prosenchym-Bildung in den äussersten Periblem-Lagen längs des ganzen Blatt-Randes gleichmässig stattfindet, so folgt schon hieraus, dass das Blatt-Parenchym in Form eines stumpfen, von dem mächtigen Gefäss-Bündel in der Mitte durchsetzten Cylinders in den Grund des prosenchymatischen Stachel-Gewebes eintritt. Diese Grenze tritt um so schärfer hervor, als das Parenchym des Blattes überaus locker ist, indem das Gewebe in ganz schmalen Balken die weiten Intercellular-Räume durchsetzt. Zu den Blattzahn-Stacheln sind auch zu rechnen die Stacheln der

Cycadeen.

Die Spitze sowohl *(Cycas, Dioon)* als auch die Lappen der Fieder-Blättchen *(Zamia, Encephalartos)* endigen in kräftige Stacheln; ebenfalls sind besonders bei *Cycas* die Blattstiele in ihrem untern Theile statt der Fiedern mit Stacheln besetzt; entwicklungsgeschichtlich konnten dieselben wegen Mangels an Material nicht untersucht werden.

Die höchste Entwicklung finden die Blattzahn-Stacheln ohne alle Frage in der Gruppe der

Carduineen.

(cf. Uhlworm pag. 40.)

Die bei diesen Pflanzen auftretenden Stacheln gehören unstreitig zu den Blattzahn-Stacheln, wenngleich bei manchen Formen die Stachel-Bildung soweit geht, dass man dieselben füglich den Blatt-Stacheln im engeren Sinne zuzählen könnte. Jedoch sind diese Gebilde durch Zwischen-Formen so enge mit den unzweifelhaften Blattzahn-Stacheln verknüpft, dass es ganz unmöglich ist, sie von denselben zu trennen. Dazu ist es nicht einmal erforderlich, diese Mittel-Glieder bei verschiedenen Species zu suchen; ein einziges Cirsium zeigt beim Aufsteigen aus der Laubblatt-Region in die Hochblatt-Region alle Uebergänge vom Blattzahn-Stachel zum eigentlichen Blatt-Stachel und selbst zum Nebenblatt-Stachel. Die Entwicklung dieser Stacheln wurde verfolgt bei

Cirsium lanceolatum.

(Fig. 160—163.)

Im Vegetations-Punkte dieser Species entstehen in spiraliger Reihenfolge die Blatt-Anlagen als einfache Zell-Hügel in der allbekannten Art und Weise der normalen phanerogamen Phyllome. Ein solcher Hügel gliedert sich alsdann vor dem Auftreten der ersten Gefässe unter stetem Längs-Wachsthum derart, dass er eine Anzahl in derselben Ebene liegende Auszweigungen bildet, die ihrerseits wiederum einer gleichen Differenzirung unterliegen, wobei jedoch, zumal bei einer ziemlich grossen Anzahl von Fiedern, der Mangel an Raum ein Verlassen der gemeinsamen Blatt-Ebene bedingt. Sowohl der mittlere, aus direkter Verlängerung der ursprünglichen Anlage entstandene Theil, als auch die seitlichen Auszweigungen haben eine mehr oder weniger kegelförmige Gestalt. Bis zu diesem Punkte unterscheidet sich die junge Blatt-Anlage höchstens durch schlankere Gestalt der Spitzen von einem gewöhnlichen gelappten Blatte. Während jedoch von diesem Zeitpunkte an bei letzterem ganz überwiegend Zell-Theilungen senkrecht auf die gemeinsame Blatt-Ebene vorkommen, durch welche die dünnere Blatt-Spreite zwischen den Blatt-Rippen gebildet wird, findet dieses bei den *Carduineen* nur am untern Theile der Blatt-Anlage statt, indem die Zipfel durch gleichmässig nach den verschiedenen Richtungen hin auftretende Wände ihre ursprüngliche Kegel-Form behalten. Dann beginnt eine anfangs geringe, später rasch zunehmende Streckung der Zellen und zugleich mit dem ersten Auftreten derselben sieht man gewisse Zell-Partieen sich in Schlauch-Gefässe und in Spiral-Gefässe umwandeln. Letztere gehen sehr hoch in den Stachel hinauf, während ich erstere im fertigen Stachel nicht auffinden konnte. Das Gefüge des fertigen Stachels ist immer ein mehr parenchymatisches; nur in der äussersten Spitze sind die Zellen etwas abgeschrägt. Die letzten Differenziations-Produkte der Blatt-Anlage sind ganz gefässlose schwache Stacheln, durch welche der Blatt-Rand gewimpert ist; man würde sie ohne Weiteres als Trichome auffassen, wenn sie nicht durch alle möglichen Mittel-Glieder mit den grössern verknüpft wären.

Bei *Carduus crispus* fand ich dasselbe Verhalten.

Ebenfalls stimmen damit überein Uhlworm's Untersuchungen bei *Cirsium ciliatum, Echinops cornigerus* und *Echinais carlinoides*, so dass ich kein Bedenken trage, ein gleiches Verhalten der ganzen Gruppe zuzusprechen.

Suckow erwähnt diese Gebilde als Mittel-Formen zwischen Stachel und Dorn; er stützt sich auf die Verschiedenheit im anatomischen und chemischen Verhalten der obern und untern Hälfte: unten chlorophyllführend, oben chlorophyllfrei — oben Gelbfärbung durch Kali, unten nicht — oben gefässlos, unten gefässführend. Bedenklich ist hier für die Eintheilungs-Normen für Stachel und Dorn im Allgemeinen der Umstand, dass diese drei Grenzen sich nicht decken; beispielsweise gehen Gefässe noch sehr weit über die untere Grenze der Gelbfärbung hinaus.

Die Stacheln, welche in der Laubblatt-Region der *Carduineen* nur den Werth von Blatt-Zähnen repräsentiren, werden beim Aufsteigen in die Hochblatt-Region durch Zurücktreten der übrigen Blatt-Theile stets wichtigere Theile des gesammten Phylloms, bis wir endlich im Aussen-Kelche, zumal bei *Cnicus Benedictus,* das ganze Blatt auf einen Stachel reducirt sehen. Somit haben wir schon hier einen Uebergang zu den

Blatt-Stacheln im engern Sinne.

Als Blatt-Stacheln im engern Sinne bezeichnen wir solche Gebilde, wobei das ganze Phyllom auf einen einfachen oder zusammengesetzten Stachel reducirt ist. In den *Carduineen* sahen wir die Ueberleitung vom Blattzahn-Stachel zum eigentlichen Blatt-Stachel; — eine andere Uebergangs-Form hatte uns von den Stacheln mit blosser Trichom-Bedeutung direkt zum vollendeten Blatt-Stachel geführt: die *Cacteen.* An diese letzteren schliesst sich unmittelbar eine Reihe von Formen an, die genau das bei den *Cacteen* geschilderte Verhalten wiederholen. Es werden nämlich die ersten Phyllome einer jeden Knospe ganz in Stacheln verwandelt. Dieses Vorkommen fand ich bei

Seguieria.

Hier stehen zur Seite eines jeden Blattes in der Stellung von Neben-Blättern conische Stacheln, gegen deren Stipular-Natur jedoch der Umstand spricht, dass sich dieselben erst nach der vollkommenen Ausbildung des Hauptblattes zeigen, während doch sonst die Stipulae dem Haupt-Blatte in der Entwicklung voraneilen.

Nahe dem Vegetations-Punkte besitzt die Pflanze einfache Blätter ohne Neben-Blätter; alsbald jedoch entwickelt die Achsel-Knospe einige Phyllome, von denen regelmässig die beiden erstern sich verlängern, conisch werden und die Gestalt von Stacheln annehmen. Die nahe Beziehung dieser Gebilde zu den Stacheln der *Cacteen* ist nicht zu verkennen.

Hierher gehören einige Formen, die Caruel beschrieben hat, so die Stacheln von

Xanthium spinosum.

(cf. Caruel Bulletin de la société de botanique en France 1863.)

Die gefiederten Stacheln, welche bei dieser Pflanze in der Stellung von Neben-Blättern auftreten, constatirte Caruel als nicht dem Blatte, sondern der Achsel-Knospe angehörige Bildungen. Sie entstehen nach ihm genau in der Art gewöhnlicher Phyllome an Vegetations-Punkten, welche meist sehr frühe zur Ruhe gelangen. An den fertigen Gebilden ist es nicht möglich, ihre Abstammung zu constatiren.

Die Stacheln von

Azyma Astracantha und Aristolochia caudata

(cf. Caruel l. c.)

haben genau denselben Entwicklungs-Gang.

Den hier geschilderten Stacheln morphologisch ganz gleichwerthig sind diejenigen, welche sich bei der Gattung

Berberis

(Fig. 164. 165.)

finden. *Berberis vulgaris*, *Berberis asiatica* etc. haben bekanntlich Triebe, welche keine Spur von andern Phyllomen besitzen, als eben die zu erwähnenden dreitheiligen Stacheln. Diese Triebe sind meist sehr robust und stark in die Länge entwickelt. Mit diesen wechseln andere aus der Achsel der Stacheln entstehende, schwächere, dafür aber reichlich Laub-Blätter entwickelnde Zweige ab.

Die Entwicklung dieser Gebilde ist diese: Im Vegetations-Punkte entsteht ein solcher dreigetheilter Stachel in Form eines ungetheilten normalen Blatt-Höckers, der sich später in drei differenzirt, ganz in der Art, wie bei *Cirsium* die zahlreichen Blattlappen zu Stande kommen. Nur unterbleibt das Wachsthum in der gemeinschaftlichen Blatt-Ebene durch vorherrschend zu dieser senkrechte Wände, welches am Grunde der Distel-Blätter stattfindet und welches die Spreite des Blattes hervorbringt, hier vollständig. Die junge Stachel-Anlage behält stets ihre conische Form. Die Mittel-Linie eines jeden der drei Theil-Stacheln wird von einem Gefäss-Bündel eingenommen. Aus dem Stamme tritt das Gefäss-Bündel einfach in den Stachel ein. An der Gabelungs-Stelle des Stachels sehen wir auch das Gefäss-Bündel dreigetheilt; die beiden seitlichen Zweige desselben biegen nach kurzem horizontalen Verlauf in die betreffenden Theil-Stacheln ein.

Man sieht, diese Gebilde unterscheiden sich von den vorher erwähnten nur dadurch, dass das Internodium nicht verkürzt ist und dass die Stacheln in grösserer Anzahl gebildet werden.

Sprengel hält die *Berberis*-Stacheln für identisch mit Haaren. De Candolle betont ihre Blatt-Natur, die auch von den Spätern zugegeben wird.

Die reichste Entfaltung erreichen unstreitig die Blatt-Stacheln bei den

Acacien.

Da jedoch diese Typen alle so einfach sind, dass eine blosse makroskopische Untersuchung schon hinreicht, um die ganzen Verhältnisse zu verstehen, so halte ich es für unnütz, auf dieselben speciell einzugehen, um so mehr, als mir zu einer Vergleichung der verschiedenen Formen, die irgendwie auf Vollständigkeit Anspruch machen kann, das Material nicht zu Gebote steht.

Als wahren Phyllom-Stachel müssen wir nach den Untersuchungen von Duval-Jouve

die Granne der Gräser

auffassen. Duval-Jouve hat in Betreff derselben nämlich entwicklungsgeschichtlich constatirt, dass die Borste auf der Spitze einer *Granne* morphologisch der Spreite eines Blattes gleichwerthig ist, der untere Theil der *Granne* das Homologon des Blatt-Stieles, die Spelze hingegen einer Blatt-Scheide äquivalent ist. Nachuntersucht habe ich diese Verhältnisse nicht.

Erwähnen muss ich hier noch eine Form von Stacheln, die bei

Coulteria

vorkommt. Hier werden nach De Candolle's Angaben die einzelnen Blatt-Fiedern stachelig. Eigene Untersuchungen konnte ich darüber wegen Mangels an Material nicht machen.

In Betreff der Nadeln mancher *Coniferen*, die man allenfalls hierher ziehen könnte, verweise ich auf die Arbeiten von Thomas etc.

Blattstiel-Stacheln.

Eine ganz eigenthümliche Art von Stacheln besitzen mehrere Genera von Pflanzen aus der *Papilionaceen*-Gruppe der

Astragaleen.

Hier wird nämlich der Blatt-Stiel eines paarig gefiederten Blattes zum Stachel, und so kommt eine Aehnlichkeit mit einem Kaulom-Stachel zu Stande, die soweit geht, dass man diese Gebilde mit dem Namen pflanzlicher Pseudomorphosen bezeichnen möchte, um so mehr, als auch noch die einzelnen Foliola durch Drehung ihres Blatt-Stieles die gemeinschaftliche Blatt-Ebene verlassen. Die Täuschung wird noch vollkommener, wenn nach dem Abfallen der Foliola der Blatt-Stiel, der noch die Narben derselben erkennen lässt, stehen bleibt.

Ein solches Verhalten giebt Pallas für die Gattungen *Astragalus, Ammodendrum, Halimodendrum* etc. an. Mir stand keines der hier erwähnten Genera in einer stacheltragenden Art zu Gebote, dagegen konnte ich dasselbe Verhalten constatiren an

Caragana.

Das Blatt entsteht genau nach Art eines normalen gefiederten Blattes, und die Spitze des Blatt-Stieles verwandelt sich in einen Stachel, ohne dass sonst etwas Erwähnenswerthes darüber zu sagen wäre.

Bemerkt möge hier noch werden, dass das Homologon dieses Stachels bei den *Trifolieen* ein assimilirendes Blatt, bei den *Lathyreen* eine Ranke ist; ein neuer Beleg dafür, dass morphologisch gleichwerthige Glieder nicht auch funktionell und physiognomisch analog zu sein brauchen.

Stacheln, aus Blüthen-Theilen entstanden.

De Candolle erwähnt die Entstehung von Stacheln aus umgewandelten Blüthen-Theilen. So verwandeln sich nach ihm die Kelch-Blätter von *Stachys*, die Kronen-Blätter von *Cuviera*, die Staub-Gefässe einiger *Büttneriaceen*, die Griffel von *Marthynia* in Stacheln. Von diesen legitimiren sich die Stacheln von *Stachys* ohne Weiteres auf den ersten Blick als Phyllome; die andern Formen standen mir nicht zu Gebote, ich trage jedoch kein Bedenken, sie in dieselbe Kategorie zu setzen.

Ueberleitung zu den Kaulom-Stacheln.

Nachdem ich das scheinbare Uebergangs-Gebilde zwischen Phyllom-Stacheln und Kaulom-Stacheln bei *Caragana* erwähnt habe, will ich mich nunmehr den echten Uebergangs-Gebilden zuwenden.

Wenn man auch hier keinen so grossen Formen-Reichthum findet, wie bei den andern Uebergängen, so fehlt doch auch hier die Vermittlung nicht. Schon bei den *Cacteen*-Stacheln wurde erwähnt, dass dieselben, als entstanden aus Hügeln, die sich normal jeder in Blatt und Achsel-Knospe hätten differenziren sollen, einige Beziehungen zu Kaulom-Stacheln enthalten. Eine deutliche Vermittlung jedoch bietet

Ruscus aculeatus.

Diese Pflanze besitzt runde Stämme, an denen seitlich in den Achseln kleiner Blättchen Gebilde hervorsprossen, die blattartig in einer Ebene ausgebreitet sind, ein begrenztes Wachsthum haben und auf der Oberseite sowohl als auf der Unterseite aus den Achseln kleiner Blättchen Blüthen hervorsprossen lassen. Gehören nun diese Organe ihrer Stellung in der Blatt-Achsel und ihrer Fähigkeit nach, Blätter und Blüthen zu entwickeln, in die Reihe der Kaulome, so treten sie doch andererseits durch manche Merkmale in nahe Beziehungen zu Phyllomen. Hierher gehört, abgesehen von ihrer vollkommenen Blatt-Gestalt, das begrenzte Wachsthum derselben, sowie vorzüglich das gleichzeitige Vorkommen ganz normaler runder Stämme, denen gegenüber erstere die Rolle von peripherischen Organen spielen.

Ich glaube also diese Organe als phylloide Kaulodien bezeichnen zu müssen. Diese Gebilde werden nun an ihrer Spitze starr und repräsentiren dergestalt ein Organ, das genau in der Mitte zwischen Phyllom-Stachel und Kaulom-Stachel steht. Somit ist auch die letzte grösste Kluft, die zwischen den verschiedenen Formen-Kreisen der stacheligen Organe existirte, durch eine vermittelnde Form ausgefüllt und wir können ohne Unterbrechung fortschreiten zu der letzten und höchsten Form, den

3. Kaulom-Stacheln.

Unter dem Namen Kaulom-Stacheln fasse ich diejenigen stacheligen Gebilde zusammen, welche entweder schon als selbstständige

Sprosse fungirt haben, oder doch ihrer Anlage nach als solche hätten fungiren können: stachelig degenerirte Knospen. Sie bilden unstreitig die höchste Stufe der Stacheln. Morphologisch gerechtfertigt wäre es, die hier zusammengefassten Gebilde in zwei Gruppen: Kaulom-Stacheln und Thallom-Stacheln zu trennen, je nachdem die betreffende Anlage der Knospe, aus der das Gebilde hervorgeht, vorerst eine Differenzirung in Kaulom und Phyllome eingeht, oder ob dieselbe ohne jede Differenzirung als indifferentes Thallom verdornt; allein praktisch ist diese Scheidung ganz und gar unthunlich, weil wir sonst zwei Klassen von Organen bekämen, die kaum bei einer Species typisch repräsentirt würden, während die weitaus grösste Mehrzahl zwischen beide fallen würde. Dazu kommt noch, dass fast alle diese Gebilde in verschiedenen Alters-Stadien sich in Bezug auf Differenzirung verschieden verhalten, indem meistens ein Stachel, der in seinem Jugend-Zustande wohl differenzirte Blätter trägt, später immer unvollkommenere Phyllome hervorbringt, bis zuletzt unmittelbar unter der Spitze die Bildung derselben ganz unterbleibt, so dass, während man den untern Theil ohne Frage als Kaulom bezeichnen muss, die Spitze zweifelsohne den Namen eines Thalloms verdient. Desshalb zog Verfasser es vor, beide Formen hier zu vereinigen, zumal dieselben sonst in der Gliederung der Pflanze die gleiche Rolle spielen und er behält es sich vor, im einzelnen Falle auf die Beziehungen zu den Thallom-Stacheln hinzuweisen.

Die Kaulom-Stacheln bilden in anatomischer und physiognomischer Hinsicht eine viel einheitlichere Gruppe, als die bisher betrachteten Formen; dagegen ist ihre Rolle beim Aufbau der Pflanze eine verschiedene und scheint diese geeignet, um als Eintheilungs-Princip zu Grunde gelegt zu werden.

Kaulom-Stacheln aus überzähligen Knospen.

In der Blatt-Achsel entstehen mehrere Knospen nahezu gleichzeitig. Von diesen wird die eine oder die andere oder mehrere zum Stachel, während unabhängig von dieser aus einer andern dieser Knospen ein normaler Laub-Spross entsteht [1]). Regel ist dieser Vorgang in der *Papilionaceen*-Gruppe der

[1]) Dieses Vorkommen mehrerer Knospen in einer Blatt-Achsel ist kein den Dornen allein zukommendes. Andere Fälle findet man u. a. bei Hildebrandt: »Einige Beobachtungen aus dem Gebiete der Pflanzen-Anatomie, Bonn 1861« schon erwähnt.

Genisteen.

Wir finden hier normal in jeder Blatt-Achsel mehrere Knospen angelegt, deren Verhalten bei den verschiedenen Species verschieden ist. Bei

Genista germanica
(Fig. 179—182.)

wird die oberste Knospe an den nicht blühenden Sprossen zum mehrfach verzweigten Stachel. Eine Folge von Längs-Schnitten durch die Blatt-Achseln nahe der Vegetations-Spitze giebt Aufschluss über die Stachel-Entwicklung. Zunächst werden im Vegetations-Punkte ganz normal Blatt-Anlagen gebildet. Jede derselben trägt in ihrer Achsel einen halbkugelförmigen Gewebe-Höcker, der sich alsbald als die erste Anlage eines Achsel-Sprosses erweist. Dieser Höcker gliedert wieder Blatt-Anlagen ab und zwar die beiden ersten in einer zum Haupt-Spross tangentialen Ebene liegend. (Fig. 179.) In dieser Zeit sieht man ganz unabhängig von der erstern Knospe ebenfalls in der Achsel des primären Blattes, und zwar auf der vom Stamme abgewandten Seite, wieder eine Knospen-Anlage entstehen, ganz genau in derselben Art wie die erste. (Fig. 180. 181.) Von diesen beiden Knospen entwickelt sich die zuletzt angelegte erst in der nächsten Vegetations-Periode, die ältere hingegen beginnt sofort ein starkes Wachsthum, bildet mehrere Blätter und in deren Achseln wiederum die charakteristischen beiden Knospen. Unterdessen ist ihre Vegetations-Spitze sehr stark in die Länge gewachsen und schlank kegelförmig geworden; ihre Zellen haben sich gestreckt und das Meristem ist in Dauer-Gewebe übergegangen, womit jede fernere Thätigkeit des Vegetations-Punktes erloschen ist. Von den in den Achseln der Blätter des Stachels entstandenen Knospen hat sich die jedesmalige oberste indessen schon ebenfalls weiter entwickelt und nach Differenzirung einiger Blätter sich in eine stachelige Spitze verwandelt, fast zur selben Zeit wie dieses der Haupt-Stachel gethan. Oft entwickeln sich sogar noch die Stacheln dritter Ordnung, und alsdann sind dieselben fast gleichzeitig ausgewachsen wie der Haupt-Stachel. Hiermit ist der Stachel der Anlage nach fertig und braucht zu seiner definitiven Vollendung nur zu verholzen. Die weitere Entwicklung ist ganz der normaler Kaulome entsprechend, ich bemerke nur, den Gefässbündel-Verlauf betreffend, dass ausser den Blatt-Spuren noch stammeigene Gefässe vorkommen, welche in die Spitze eintreten, jedoch konnte ich dieselben nur eine kurze Strecke oberhalb der letzten Blätter verfolgen.

Ulex europaeus.

Die Entwicklung der Kaulom-Stacheln stimmt in Allem mit der bei *Genista germanica* geschilderten überein. Die einzige Abweichung besteht darin, dass auch die von der Stachel-Knospe gebildeten Phyllome stachelig werden.

Spartium radiatum

bietet wieder ein auffallendes Beispiel dafür, wie homologe Glieder der Pflanze eine ganz verschiedene Entwicklung eingehen können. Hier haben wir ebenfalls die beiden Knospen in der Achsel eines jeden Blattes, aber von Stacheln finden wir keine Spur. Vielmehr gehen aus der Knospe, welche bei *Genista germanica* Stachel-Knospe ist, lange schmächtige Triebe mit begrenztem Wachsthum hervor, die nicht die geringste Analogie mit Stacheln haben. Morphologisch hingegen sind sie den Stacheln ganz genau homolog; sie entstehen aus denselben Knospen, nehmen dieselbe Stelle im Sprossbau ein und haben gleich jenen ein begrenztes Wachsthum.

Zu den aus überzähligen Knospen entstehenden Stacheln gehören auch die von

Celastrus pyracantha[1]).

(Fig. 185—187.)

Ein Querschnitt durch den fortwachsenden Spross-Scheitel zeigt hier normal spiralig gestellte Blatt-Anlagen, die sich alsbald in je ein Haupt-Blatt und zwei Stipulae differenziren, welch letztere sich keilförmig vor das Haupt-Blatt einschieben, derart, dass sie später aus der Blatt-Achsel hervorgekommen zu sein scheinen. (Fig. 187.) In der Achsel eines jeden Blattes entsteht ein kräftiger Stachel. Ueber dessen weiteres Verhalten giebt ein Längs-Schnitt Auskunft. Ein solcher zeigt

[1]) Diese Stacheln sind in meiner Dissertation irrthümlich als aus Achsel-Knospen zweiter Ordnung hervorgegangene bezeichnet. Veranlasst wurde dieser Irrthum dadurch, dass ich wegen Mangels an Material die Entwicklung nur auf Längs-Schnitten untersuchen konnte, wo allerdings die in die Blatt-Achsel gerückten Neben-Blätter der Knospe anzugehören scheinen.

in der Achsel ganz junger Blätter eine normale Knospe, die sich alsbald streckt und zum Stachel wird. (Fig. 185.) Darauf entsteht auf der dem Stamme zugewandten Seite in der Achsel eine zweite Knospe (Fig. 186v), welche sich (Fig. 186v') weiter entwickelt und mit deutlichen Phyllomen versehen zeigt. Diese Achsel-Knospe entwickelt sich in der nächsten Vegetations-Periode ganz normal zum Laub-Sprosse.

Von den *Genisteen* unterscheidet sich *Celastrus* besonders dadurch, dass bei diesem die Anlage der zweiten Knospe auf der dem Stamme zugekehrten Seite entsteht, während bei *Genista* die Knospe zwischen dem Stachel und primären Blatte gebildet wird.

Die Entwicklung von Stacheln aus überzähligen Knospen findet ihren Höhepunkt bei

Gleditschia.

(Fig. 183. 184.)

Im fertigen Zustande tragen die Internodien der Zweige grosse, mehrfach verästelte Stacheln, welche ohne Frage zu den grössten aller hierher gehörigen Gebilde zu zählen sind. Die Entwicklungs-Geschichte zeigt ihre Bildung aus Achsel-Knospen, und zwar lässt sich Folgendes constatiren: In der Achsel der jungen Blatt-Anlage zeigt alsbald das Auftreten eines Gewebe-Hügels die erste Bildung der Achsel-Knospe an. Dieselbe entwickelt sich überaus schnell und wird dabei durch Gewebe-Wachsthum an ihrem Grunde aus der Blatt-Achsel eine Strecke am Internodium in die Höhe geschoben. (Fig. 183.) Zwischen dem Grunde dieser Knospe und der Blatt-Insertions-Stelle befindet sich ein indifferentes Gewebe-Polster, das von dem unteren Theile des Blatt-Stieles ganz umfasst ist. Aus diesem indifferenten Gewebe differenzirt sich alsdann eine ganze Anzahl von Knospen heraus, die in zickzackförmiger Reihenfolge geordnet sind, derart, dass die der ersten Knospe zunächststehende die älteste ist, und die andern abwärts immer jünger werden. (Fig. 184.) Die erste Knospe entwickelt sich schon in derselben Vegetations-Periode zum Stachel in der Art, wie es bei *Genista* geschildert ist, die zweite bildet in der nächsten Vegetations-Periode einen Laub-Spross, die andern entwickeln sich in den folgenden Jahren der Reihe nach als Stacheln.

Dieses Verhalten wurde durch Oerstedt constatirt. Erwähnt ist dasselbe bei Hofmeister in seinem Handbuche der Allgemeinen Morphologie. (l. c.)

Kaulom-Stacheln aus normalen Achsel-Knospen.

Bei einer ganzen Anzahl von Gewächsen geht der Kaulom-Stachel aus der einzigen normalen Achsel-Knospe hervor, und zwar sind es meist genau orientirte Knospen, welche diese Metamorphose eingehen. Von diesen erwähne ich zunächst als in näherer Beziehung zu den *Genisteen* stehend

Ononis spinosa.

(Fig. 166.)

Der aufsteigende Jahrestrieb ist ein normaler Laub-Spross, ebenfalls seine Achsel-Sprosse erster Ordnung. Die Achsel-Sprosse zweiter Ordnung hingegen werden zumal am Grunde des Triebes zu Stacheln, während die obern sich zu Blüthen-Ständen entwickeln. Nie konnte ich mehr als eine Knospe in der Blatt-Achsel auffinden. Ueber die weitere Entwicklung dieser Stacheln ist nicht viel zu sagen; sie stimmt ganz genau mit der von *Genista* überein mit der Ausnahme, dass bei *Ononis* der Stachel sich fast nie verzweigt. Wenn Achsel-Knospen des Stachels zur Entwicklung kommen, so werden dieselben zu Blüthen-Sprossen. Sehr selten findet man eine Achsel-Knospe eines Stachels zu einem Stachel zweiter Ordnung entwickelt.

Den Stacheln von *Ononis* kann man an die Seite stellen jene Gebilde, welche sich bei der *Anacardiacee*

Duvaua dependens

finden. Sie stehen ohne besondere Regelmässigkeit in den Achseln verschiedener Blätter. Ihr unterer Theil weicht nicht viel von normalen Kaulomen ab und nur gegen die Spitze zu unterbleibt die Differenzirung der Phyllome. Auch hier fehlt jede Spur einer zweiten Achsel-Knospe. Der Stachel geht aus der einzigen normalen Achsel-Knospe hervor.

Viel ausgeprägter finden wir die Stachel-Bildung bei

Citrus vulgaris.

(Fig. 167. 168.)

An den Jahres-Trieben sah ich keine einzige Achsel-Knospe, die nicht auf die eine oder andere Art degenerirt gewesen wäre. Die in

Dauer-Gewebe verwandelte Vegetations-Spitze bildete bei einigen einen Stachel, bei andern eine flache Kuppe. (Fig. 167.) Im einen wie im andern Falle entsteht der neue Spross aus einer Achsel-Knospe zweiter Ordnung. (Fig. 167 k.) Im jungen Stachel sieht man das Procambium sich kuppelförmig oberhalb der Plerom-Initialen zusammenwölben, und wenige Zell-Lagen tiefer erblickt man schon die Gefäss-Bildung einleitende Längs-Theilungen im Procambium. (Fig. 168.)

Die grösste Entfaltung findet dieser Typus von Kaulom-Stacheln in der Reihe der *Rosifloren*, und zwar speciell in den nahe verwandten Familien der

Pomaceen und **Amygdalaceen.**

Zur Erläuterung dieses Verhaltens will ich eine recht typische Form herausgreifen, und an diese die andern anschliessen. Als solche eignet sich am Besten

Crataegus crus galli.

(Fig. 169—178.)

Die Entstehung der Stacheln ist diese: Zur Zeit, wo der End-Vegetationspunkt eines Jahrestriebes noch in voller Entwicklung ist, beginnt eine Anzahl mit den andern ganz gleichgebauter Knospen in der mittleren Region des Triebes auszuwachsen. Jedoch erscheinen die so entstandenen Zweige schon sofort als abnorme, man möchte sagen rückschreitende Gebilde. Die Internodien sind unnatürlich lang, selbst die untersten, bei normalen Zweigen ganz verkürzten, sind mehr oder weniger in die Länge gestreckt, gerade wie bei etiolirten Gebilden. Auf die vielfach ausgebuchteten und mehr oder minder gefiederten Blätter folgen immer einfachere, bis die letzten zu unbedeutenden Schüppchen zusammenschrumpfen. Die Vegetations-Spitze streckt sich unnatürlich in die Länge, und geht aus der halbkugeligen in die schlank kegelförmige Gestalt über. Die Zellen derselben strecken sich, verdicken ihre Wände und gehen aus dem merenchymatischen in den Zustand des Dauer-Gewebes über, womit natürlich jede weitere Thätigkeit des Vegetationspunktes erloschen ist; mit einem Worte, das ganze Gebilde nimmt die Gestalt eines Stachels an.

Die Veränderung im Baue der Vegetations-Spitze während der Entwicklung des Stachels zeigen die Fig. 175—177. Fig. 175 ist der

Vegetationspunkt vor Beginn der Streckung; es ist ganz der normale Bau der Vegetations-Spitze einer Laub-Knospe, die beiden jüngsten Blätter legen sich über dieselbe hin. Die weitern Stadien Fig. 176 bis 177 zeigen die allmählige Zuspitzung des Vegetations-Kegels; Fig. 177, von einem halb erwachsenen Stachel genommen, zeigt, wie die die Verholzung einleitenden Längs-Theilungen des Procambiums schon fast bis zur Spitze vorgedrungen sind, wodurch sich das Holz-Gewebe kuppelförmig über dem Plerom schliesst.

In der Entwicklung zeigen diese Stacheln eine grosse Abweichung von den bei *Genista*, *Ononis* etc. geschilderten. Denn während dort die junge Knospe gleich von ihrer ersten Anlage an ihre Stachel-Natur durch starkes Längen-Wachsthum verrieth, indem oft schon vor Anlage der ersten Phyllome die Vegetations-Spitze eine schlankere Gestalt angenommen hatte, als bei normalen Trieben, ist dies hier durchaus nicht der Fall. Die Stachel-Knospe entsteht genau wie eine andere Knospe; die Vegetations-Spitze ist äusserst flach und dieselbe bildet eine grössere Anzahl von Phyllomen, ehe sie die mindeste Streckung zeigt. Nach anatomischen Merkmalen ist es einer Knospe durchaus nicht anzusehen, ob sie einen Laub-Spross oder einen Stachel bilden soll; man kann dieses nur aus ihrer Stellung am jungen Triebe ableiten.

Die genauere Untersuchung zeigt, dass sich unter den geeigneten Bedingungen eine normale Knospe in einen Stachel verwandelt durch Streckung der Internodien bei fehlender Weiter-Entwicklung des Vegetations-Punktes. Zählt man nämlich bei vollendeten Knospen die Anzahl der Blätter, so sieht man, dass ihrer nicht mehr sind, als schon in der unentwickelten Knospe zu finden waren, bei *Crataegus crus galli* 8—9—10, bei *Cr. Oxyacantha* 6—8—9 etc., welche Zahl man schon in Knospen findet, die noch keine Spur von Streckung zeigen.

Gerade so wie bei *Citrus* entsteht der folgende Jahres-Spross auch bei *Crataegus* aus der ersten Blattachsel des Stachels.

Einen ganz strikten Beweis für die Identität von Laub-Knospe und Stachel-Knospe liefern noch zwei Erscheinungen: die nachherige künstlich bewirkte Umwandlung von Dornen in Laub-Sprosse und umgekehrt. Wird oberhalb eines noch nicht zu sehr verholzten Stachels der Haupt-Spross abgebrochen, der Vegetations-Punkt des Stachels also zum obersten Vegetations-Punkte des ganzen Triebes, dem mithin die grösste Menge der Reserve-Nahrung zugeführt wird, so gelingt es ihm bisweilen, sich weiter zu entwickeln, Blätter zu treiben (Fig. 174 und 178) und sich in einen normalen Laub-Spross umzuwandeln, der seine Herkunft aus einem Stachel nur noch durch die starke Verlängerung der ersten Internodien verräth, welche selbst sofort aufhört, sobald der dem End-Vegetations-Punkte zugehende Saft-Strom in den Stachel eintritt. Die andere hierher gehörige Erscheinung ist die nachherige Verwandlung von Laub-Sprossen in Stacheln, wie sie besonders schön bei *Crataegus Oxyacantha* vorkommt. Die verzweigten Stacheln dieser Species zeigen durch ihre verkürzten Internodien deutlich, dass sie ursprünglich Laub-Sprosse waren, die aus ihren Achseln Stacheln trieben und nachträglich selbst zu Stacheln wurden.

Die übrigen *Crataegus*-Arten, die stacheligen *Mespilus, Pyrus* etc. verhalten sich genau ebenso. Bei *Prunus spinosa* findet insofern eine geringe Abweichung Statt, als dort das Auftreten der Stacheln nicht so genau an bestimmte Stellen des Triebes geknüpft ist, auch die Stacheln selbst nicht so genau in Bezug auf Anzahl der Phyllome etc. mit einander übereinstimmen, und eine weniger scharf in sich geschlossene Organ-Gruppe darstellen, sondern sich sehr den gewöhnlichen Laub-Sprossen nähern, zu denen sie alle Uebergänge aufweisen.

Aus der Entwicklungs-Geschichte der *Crataegus-*, *Pyrus-* und *Mespilus*-Stacheln ergiebt sich auch ohne Weiteres die Erklärung dafür, dass bei diesen Arten die Stacheln durch Cultur verschwinden. Wir haben gesehen, dass die Stacheln hier nur mehr verkümmerte Organe sind, die durch reichliche Nahrungs-Zufuhr in normale Laub-Sprosse verwandelt werden können. Daraus folgt schon, dass bei cultivirten Pflanzen, denen künstlich die günstigsten Bedingungen der Ernährung geboten werden, diese Stacheln verschwinden. Anders ist es bei den Stacheln der *Genisteen.* Hier sind es keine Verkümmerungen, sondern eigenartige Blasteme, die aus überzähligen Knospen hervorgehen. Diese können nicht durch Cultur verschwinden.

Sehr ähnlich den *Crataegus*-Stacheln verhalten sich in jeder Hinsicht die Stacheln von

Citriobatus.

Auch diese Gebilde gehen aus der einzigen normalen Knospe jeder Blatt-Achsel hervor, und bieten auch in der weitern Entwicklung keine nennenswerthe Abweichung von den erwähnten Formen.

Terminale Kaulom-Stacheln.

Bei einer Anzahl von Gewächsen, zumal aus der Familie der *Rhamnaceen* ist es Regel, dass der jedesmalige Haupt-Spross zum Stachel wird. Bei

Rhamnus cathartica (L.)

ist dieses Verhalten ein sehr einfaches; jeder Zweig, der im Uebrigen auf ganz normale Art Blätter und Seiten-Zweige erzeugt, endet am Schlusse der Vegetations-Periode in einen Stachel, der keine Abweichungen von der Entstehung der *Crataegus*-Stacheln zeigt, die ja auch bisweilen die Spitzen der Haupt-Triebe bilden, dagegen gestaltet sich die Bildung der Stacheln schon complizirter bei

Colletia.

(Fig. 189.)

Hier ist die Differenzirung des Sprosses eine ungleich geringere als bei *Rhamnus*. Es werden nur wenige Blätter gebildet und selbst diese sind sehr unvollkommen. Der Mangel der assimilirenden Blatt-Organe erheischt eine grössere Massenhaftigkeit und reichere Ausgliederung der grünen, assimilirenden Thallome, welche dadurch oft ganz sonderbare Gestalten annehmen, zumal bei *Colletia cruciata*. Jede Ausgliederung dieser Thallome endigt in einen Stachel, der im höheren Maasse als eines der vorhin geschilderten Gebilde den Namen eines Thallom-Stachels verdient. Die Jugend-Zustände (Fig. 189) sind weniger abweichend vom Typus eines normalen Kaulom-Stachels, als man anzunehmen geneigt sein möchte: Wir haben einen ganz normalen dikotylen Vegetations-Punkt, der ganz normal Phyllome (freilich in beschränkter Anzahl) und Wiederholungs-Sprosse treibt, die sich ebenfalls in Stacheln verwandeln.

De Candolle giebt an, dass bei einer Anzahl von Pflanzen (*Alyssum spinosum, Mesembryanthemum spinosum*) nach dem Abfallen der Früchte die Blüthen-Stiele stachelig werden, und dass bei *Trifolium subterraneum* zur Zeit der Frucht-Reife die Spitze des ganzen Blüthen-Standes verdornt. Ich erwähne dieses Verhalten hier anhangsweise.

Eigene Untersuchen stehen mir darüber nicht zu Gebote. Ebensowenig konnte ich Stacheln untersuchen, die Wurzeln morphologisch gleichwerthig wären.; nach de Candolle sollen dieselben bei einigen *Palmen* vorkommen.

Allgemeines.

Wenn wir uns bemühen, allgemeine anatomische, morphologische oder entwicklungsgeschichtliche Merkmale für die Stacheln aufzustellen, so finden wir zu unserer Ueberraschung einen absoluten Mangel an allem Gemeinsamen. Wir haben kein anatomisches Merkmal; es sei denn, dass man die Verdickung der Zellwand, die doch in so vielen anderen Fällen ebenfalls vorkommt, als ein solches aufstellen wollte; — wir haben keine morphologische Gleichwerthigkeit; im Gegentheil sind in dieser Gruppe von Organen Gebilde des verschiedensten morphologischen Werthes zusammengehäuft, und dazu kommen noch Typen, die in keine der morphologischen Kategorien hineinpassen wollen; — wir haben keinen Anhaltspunkt in der Entwicklungs-Geschichte, der auf eine Gemeinsamkeit der hier vereinigten Gebilde hinwiese. Zwischen denselben besteht durchaus keine Homologie, und somit sind wir vom morphologischen Standpunkte aus gar nicht berechtigt, dieselben zusammenzufassen, geschweige denn ohne Weiteres von einer Eintheilung derselben zu sprechen; denn ein Nebeneinanderordnen heterogener Dinge kann nie auf den Namen einer wissenschaftlichen Eintheilung Anspruch machen.

Anders verhält es sich hingegen, wenn wir, anstatt die Homologie als gemeinsames Merkmal anzunehmen, die verschiedenen Organe nach der Analogie gruppiren; wenn wir Gleichheit der Funktion und physiognomische Uebereinstimmung als Kriterium der Zusammengehörigkeit aufstellen. Von diesem Gesichtspunkte aus betrachtet erscheinen diese Gebilde als eine grosse, durch die verschiedensten Merkmale der Analogie zusammengehaltene, zwar nicht starr umgrenzte, doch in sich geschlossene biologisch-physiognomische Gruppe, die man mit demselben Rechte als etwas Zusammengehöriges betrachten kann, als etwa die Organe der Assimilation, der Reproduktion etc.

Diese durch Merkmale der Analogie zusammengehaltene Organ-Gruppe kann man nun nach verschiedenen Gesichtspunkten eintheilen.

Verfasser hat seiner Arbeit die Eintheilung nach dem morphologischen Werthe zu Grunde gelegt, da eine derartige Anordnung ihm am geeignetsten schien, die merkwürdigen Verhältnisse dieser Gruppe, die in mancher Hinsicht neben der normalen Entwicklung hergehen, ohne sich um die gewöhnlichen, man möchte sagen conventionellen Wachsthums-Regeln zu kümmern, ins rechte Licht zu setzen.

Verfasser will nun versuchen, die von ihm aufgestellte Eintheilung im Einzelnen zu rechtfertigen, indem er die leitenden Gedanken zu Grunde legt, und deren Anwendung auf die einzelnen Fälle näher ausführt.

Nach dem heutigen Standpunkte der Pflanzen-Morphologie sind wir nur dann berechtigt, von einer morphologischen Gleichwerthigkeit zweier Organe zu sprechen, wenn die Entwicklungs-Geschichte dieselben als homologe Bildungen, d. h. aus der gleichen Anlage hervorgegangene Gebilde nachgewiesen hat. Alle nachträglich auftretenden Aehnlichkeiten begründen bei ungleich angelegten Organen keine morphologische Gleichwerthigkeit.

Was nun die Eintheilung selbst betrifft, so habe ich als oberstes Eintheilungs-Princip die Dreitheilung in Stamm-Gebilde, Blatt-Gebilde und Haar-Gebilde, — Kaulom, Phyllom, Trichom, — festhalten zu müssen geglaubt. Freilich ist es wahr, die Natur kennt kein Schema, nach dem jede Entwicklung nothwendiger Weise vor sich gehen muss; es giebt nirgends eine starre Grenze zwischen den verschiedenen Bildungen; anstatt umgrenzter Kategorien, innerhalb welcher die verschiedenen Bildungen nur verschiedene Variationen über ein gegebenes Thema sind, ohne Anklänge an andere Gruppen zu zeigen, sehen wir vielmehr in der Natur die freie Entwicklung einer fast unendlichen Formen-Mannigfaltigkeit.

Wenn nun aber auch eine derartige Eintheilung in der Natur selbst nicht vollzogen ist, so ist es doch für den Menschengeist eine Nothwendigkeit, das mannigfache Material, das ihm die Aussenwelt bietet, zu sichten und um bekannte Typen je nach der grössern oder geringern Aehnlichkeit mit diesen zu gruppiren, ehe er dasselbe wissenschaftlich zu verwerthen im Stande ist. Solcher feststehender Typen, die geeignet sind, als Ausgangs-Punkte zu dienen, um von ihnen aus die Mannigfaltigkeit der Formen zu überblicken, finden wir bei den höchstentwickelten Pflanzen besonders drei, welche gleich als solche in die

Augen fallen: Stamm-Gebilde, Blatt-Gebilde und Haar-Gebilde; — Centrale Organe, Anhangs-Gebilde erster Ordnung und Anhangs-Gebilde zweiter Ordnung.

Um einen Anhaltspunkt für die Erkenntniss zweifelhafter Gebilde zu erhalten, sind wir genöthigt, typische Formen dieser Gruppen in ihrer ganzen Entwicklung zu prüfen und zuzusehen, in wiefern zwischen diesen und den zweifelhaften Gebilden eine Homologie stattfindet.

Das den normalen Kaulomen typisch Gemeinsame scheint mir nun das zu sein, dass dieselben (abgesehen von der Fruktifikation) unbegrenzt weiterentwicklungsfähige Gebilde sind, die auf ihrem Scheitel einen meristematischen Vegetations-Punkt tragen, der seitlich in Dauer-Gewebe übergehende Anhangs-Gebilde abgliedert, ohne selbst seine Weiterentwicklungs-Fähigkeit dabei einzubüssen.

Das Typische der normalen Phyllome besteht darin, dass dieselben Ausgliederungen erster Ordnung sind, d. h. dass sie vom Vegetations-Punkte als besondere Erhebungen angelegt werden, oder doch als Theil-Produkte bis dahin noch nicht differenzirter Blasteme entstehen.

Den Trichomen hingegen gehen diese direkten Beziehungen zur Gliederung des indifferenten Vegetations-Punktes ab; sie entstehen vielmehr als nachträgliche Anhangs-Gebilde an bereits fertig differenzirten Organen.

In diese Eintheilung passen nun zwar weitaus nicht alle Bildungen hinein, wie es schon das Beispiel der Stacheln gezeigt hat; es giebt viele Gebilde, welche zwischen diesen Kategorien in der Mitte stehen. Doch ist dieses kein Beweis gegen die Berechtigung dieser Eintheilung, sondern es dient nur dazu, das Unzureichende einer jeden Eintheilung darzulegen.

Was nun zunächst die Trichome anbetrifft, so zerfallen diese naturgemäss in zwei Gruppen: solche, welche aus der Epidermis ihren Ursprung nehmen, und solche, welche dem Periblem entstammen. Diese Eintheilung liegt so nahe, dass sie auch in der That seit dem Bekanntwerden der Periblem-Trichome als wesentlichstes Eintheilungs-Princip aufgestellt worden ist. (Cf. Sachs' Lehrbuch, III. Aufl. pag. 144.)

Die Phyllome kann man füglich in zwei Klassen eintheilen, indem man berücksichtigt, ob die ev. Theil-Produkte der Blatt-Anlage zu einem organischen Ganzen verbunden bleiben (Blätter), oder ob gewisse Theile eine Selbstständigkeit erlangen, welche sie als besondere Organe erscheinen lässt (Neben-Blätter).

Der morphologische Werth der Kaulome ist meines Erachtens davon abhängig, welche Rolle sie in der Gliederung der ganzen Pflanze einnehmen; ob sie Haupt-Sprosse sind, ob sie normale Achsel-Sprosse sind oder ob sie aus überzähligen Knospen hervorgegangen sind. Nach dieser Eintheilung, die auf jede Art von Organ-Systemen Anwendung finden kann, habe ich nun die biologisch-physiognomische Gruppe der Stacheln eingetheilt.

Pflanzen-Stacheln.

A. Trichom-Stacheln.
   1) Dermatogen-Stacheln.
   2) Periblem-Stacheln.

B. Phyllom-Stacheln.
   1) Nebenblatt-Stacheln.
   2) Blatt-Stacheln.

C. Kaulom-Stacheln.
   1) Kaulom-Stacheln aus überzähligen Knospen.
   2) Kaulom-Stacheln aus normalen Achsel-Knospen.
   3) Terminale Kaulom-Stacheln.

Die hier aufgestellte morphologische Eintheilung ist nun nach des Verfassers Ansicht durchaus nicht die einzig berechtigte; man kann bei einer Eintheilung von den verschiedensten Gesichtspunkten ausgehen, wenn man nur dem vorgesteckten Plane treu bleibt, und wenn man dazu das gesammte Gebiet des Einzutheilenden umfasst, nicht zwar so, dass jede Form in die eine oder in die andere Kategorie fällt, so doch derart, dass alle Grund-Typen berücksichtigt werden, und dass diejenigen Formen, welche nicht in eine Kategorie hineinfallen, als Mittelglieder zwischen zwei normale Typen zu stehen kommen. So kann man z. B. die Pflanzen-Stacheln nach physiognomischen Merkmalen eintheilen in

1) Stachel-Borsten: schwache schmächtige Gebilde von bedeutend grösserer Länge als Breite, die dem Trag-Organe mehr oder minder senkrecht oder gegen seine Fläche geneigt aufsitzen. Sie finden sich fast nur unter den Trichom-Stacheln und zumal unter den Dermatogen-Stacheln; sie sind einzellig (z. B. *Boragineen*) oder mehrzellig

(Papaveraceen). Der einzige mir bekannte Fall von Phyllom-Borsten wird repräsentirt durch die Granne einiger Gräser. (Duval-Jouve).

2) Brenn-Haare: sehr starre, spitze oder mit einem Köpfchen versehene Gebilde, welche einen ätzenden Saft ausscheiden, der sich im Innern des Gebildes sammelt, um beim Abbrechen der Spitze auszutreten. Soviel mir bekannt, nur echte Trichome. Beispiele finden sich bei *Urtica, Wigandia, Loasa, Malpighia* etc.

3) Blattzahn-Stacheln. Sie liegen in der Ebene eines flächenartig entwickelten Blastems derart, dass sie Erweiterungen seines Randes darstellen. Sie kommen vor als Gebilde des verschiedensten morphologischen Werthes: als einzellige Dermatogen-Trichome (*Carex)*, als mehrzellige Dermatogen-Trichome *(Stellaria)*, als Phyllome *(Cirsium)*, selbst als Kaulome *(Ruscus)*.

4) Cacteenartige Stacheln: Stachel-Büschel, welche auf Polstern von sehr zartem saftreichem Gewebe stehen, und welche Pflanzen mit möglichst geringer äusserer Differenzirung der vegetativen Organe zukommen. Auch diese können einen verschiedenen morphologischen Werth haben; bei *Mesembryanthemum* sind es einzellige Trichome, bei den *Euphorbien* Neben-Blätter, bei den *Cacteen* haben wir sie als phylloide Blasteme bezeichnet.

5) Dornen: Vielzellige, stark verholzte Gewebe-Körper, welche mehr oder weniger senkrecht auf ihrem Trag-Organe aufsitzen oder aus unmittelbarer Umgestaltung der Spitze desselben hervorgegangen sind. Sie bilden die weitaus bedeutendste Gruppe der gesammten Stacheln. Sie können den verschiedensten morphologischen Werth, den verschiedensten anatomischen Bau haben. Bei *Rubus* und *Chamaerops* sind dieselben Dermatogen-Trichome; bei *Rosa, Ribes, Gunnera, Smilax* und *Aralia* gefässlose Periblem-Trichome; bei *Datura* und *Aesculus, Acacia horrida* gefässführende Periblem-Trichome; bei *Robinia Pseud-Acacia* Nebenblatt-Stacheln; bei *Seguieria, Xanthium spinosum* und *Berberis* Blatt-Stacheln; bei den *Astragaleen* stachelig gewordene Blatt-Stiele; bei den *Genisteen*, bei *Gleditschia, Crataegus, Pyrus, Mespilus, Prunus, Colletia, Rhamnus* etc. sind es selbstständige Sprosse der verschiedensten Art.

Man sieht hieraus, dass die Eintheilung nach der Analogie und die Eintheilung nach der Homologie sich unbeschadet einander durchkreuzen können und in vielen Fällen sich wirklich durchkreuzen, dass also physiognomische und funktionelle Gleichwerthigkeit mit morphologischer Gleichwerthigkeit nicht immer Hand in Hand geht. Hieraus geht hervor, dass die Natur auch hier auf verschiedenen Wegen zu demselben Ziele gelangt, dass sie funktionell verschiedene Organe aus gleichen Anlagen hervorgehen lassen kann und umgekehrt.

Betrachten wir kurz die verschiedenen Eintheilungen, welche in den andern in letzter Zeit erschienenen Abhandlungen über dieses Thema zu Grunde gelegt sind.

Rauter bringt eine Eintheilung der Trichome im Allgemeinen nach entwicklungsgeschichtlich-morphologischem Gesichtspunkte, welche nicht nur Stacheln, sondern auch andere physiognomische Trichom-Typen, als Haare, Köpfchen-Haare, Schuppen und Drüsen umfasst.

Die Uebersicht seiner morphologischen Grundlage ist folgende:

A. Die Anlage des Trichoms geht von einer Zelle der Oberhaut, der sogenannten Haar-Mutterzelle, aus.

I. Das fertige Trichom ist nur Produkt dieser Mutter-Zelle und besteht:
   1) bloss aus einer einzigen Zelle,
   2) aus einer einfachen oder verzweigten Zell-Reihe,
   3) aus einer Zell-Fläche,
   4) aus einem Zell-Körper, dessen Entwicklung beginnen kann
      a) aus einer Zell-Reihe,
      b) aus einer Zell-Fläche,
      c) die ersten Theilungen der Mutter-Zelle bilden schon einen Zell-Körper,
         α) durch eine zur Oberfläche des Trag-Organs senkrechte Wand in 2 neben einander liegende Zellen,
         β) durch kreuzweise gestellte Wände in 4 Quadranten.

II. Beim Aufbaue der Trichome betheiligen sich auch secundär das unter der Oberhaut liegende Stengel- oder Blatt-Parenchym, sowie die den Haar-Grund umschliessenden Epidermis-Zellen. Die Betheiligung kann sein:
   1) unwesentlich, d. h. bei derselben Pflanze nicht constant vorhanden,
   2) wesentlich, d. h. constant vorhanden.

B. Die Entwicklung des Trichoms geht nicht mehr von der Oberhaut, sondern von dem unterliegenden Gewebe aus.

Gegen diese Eintheilung lässt sich füglich vom morphologischen Gesichtspunkte nichts einwenden. Rauter hat sich streng an seinen vorgezeichneten Plan gehalten, und so ist denn das, was er uns giebt, dasjenige, was er zu geben versprach: eine wissenschaftlich begründete, auf der Entwicklungs-Geschichte basirende morphologische Eintheilung der Trichome. Das Einzige, was man allenfalls daran auszusetzen hätte, ist die etwas allzuweit gehende und somit etwas künstliche Eintheilung der letzten Unter-Abtheilungen. So hätte er füglich α und β vereinigt lassen können, da sie ja doch zu sehr in einander übergehen, und sub II ist es auch unthunlich, zwischen wesentlicher und unwesentlicher Betheiligung des Periblems zu unterscheiden, da wir bei diesen Formen sämmtlich geradezu nichts als Uebergänge sehen. Was dagegen Suckow's Einwurf betrifft, die Trichome seien in zwei zu ungleiche Hälften eingetheilt, so hat derselbe, wie schon Uhlworm bemerkt hat, gar keine Bedeutung; wir sind nicht mehr in der Zeit Jussieu's, wo die Zahl der Pflanzen-Familien um jeden Preis auf Hundert gebracht werden musste; zudem wächst auch die Zahl der Periblem-Trichome von Tag zu Tag, so dass von dieser Ungleichheit kaum noch die Rede sein kann.

Warming, der es sich zur Haupt-Aufgabe macht, die Uebergänge der verschiedenen morphologischen Typen nachzuweisen, theilt ebenfalls die Trichome ein in solche, welche der Epidermis und solche, die dem Periblem entstammen, welche letztere er als Uebergänge zu den Epiblastemen höheren Ranges annimmt. Die Dermatogen-Trichome nennt er »Haar« (poil), die Periblem-Trichome nennt er (nach Sachs) Emergenz (Emergenser, Émergence).

Wenn ich nun gegen diese Eintheilung nichts einzuwenden habe, so kann ich mich doch mit den Namen gar nicht befreunden. Man ist gewohnt mit dem Namen »Haar« einen physiognomischen Typus zu bezeichnen, und Warming selbst gebraucht das Wort in dieser Bedeutung, indem er bei *Menyanthes trifoliata* von den poils de la barbe de la corolle spricht, wo dieses Wort ja nur in der physiognomischen Bedeutung verstanden sein kann, da diese Gebilde nach Warming in morphologischer Beziehung keine poils, sondern émergences sind. Das Wort »Haar« ist also schon in einer andern Bedeutung in Gebrauch, und es ist doch recht misslich, dasselbe Wort für zwei Formen-Kreise zu gebrauchen, die sich nur zum Theil decken. Das Wort Emergenz hat zwar nicht an dieser Zweideutigkeit zu leiden, doch wird dasselbe zwecklos, wenn nicht die andere Organgruppe einen entsprechenden Namen trägt, und im Ganzen genommen ist es überflüssig. Die einfache Bezeichnung als Dermatogen-Trichom und Periblem-Trichom dient hinlänglich zur Unterscheidung dieser Gebilde.

Wollte man aber die Emergenzen mit Sachs von den Trichomen trennen und die Dreitheilung in Stamm-Gebilde, Blatt-Gebilde und Haar-Gebilde durch eine Viertheilung in Stamm-Gebilde, Blatt-Gebilde, Emergenzen und Haar-Gebilde ersetzen, so sprechen hiergegen viele Gründe. Zunächst nehmen die Emergenzen in der Gliederung des Pflanzen-Sprosses keine solche Stellung ein, dass es dadurch gerechtfertigt erschiene, sie als eigenen Haupt-Typus aufzustellen. Wo sie auftreten, verrathen sie sich stets als Anhangs-Gebilde zweiter Ordnung. Nie sind sie direkte Differenzirungs-Produkte des Vegetations-Punktes, vielmehr entstehen sie stets an bereits fertig differenzirten Organen zwischen den Dermatogen-Trichomen, ja meist noch später als diese. Ueberall, wo wir Anklänge an höhere Formen finden, da legitimiren sich dieselben so zweifellos als blosse Uebergangs-Bildungen, dass von einem Grund-Typus kaum die Rede sein kann. Und dazu finden wir ja auch bei reinen Dermatogen-Trichomen Anklänge an höhere Organe, wie z. B. die Stellung der Stacheln bei *Chamaerops* eine unverkennbare Regelmässigkeit zeigt.

Wollte man endlich die Emergenzen von den Trichomen trennen, in der Hoffnung, dadurch in den letztern eine anatomisch und entwicklungsgeschichtlich scharf umschriebene Organ-Klasse zu erhalten, so ist dieses nach meiner Ansicht ein erfolgloses Bemühen. Von den Trichomen im Weiss'schen Sinne zu den Emergenzen giebt es einen so unmerklichen Uebergang, dass hier nirgends eine scharfe Grenze zu ziehen ist. Wollte man aber diese Uebergangs-Gebilde zwischen Trichom und Emergenz sämmtlich von den reinen Trichomen trennen, so würde von dieser Klasse von Organen nicht eben allzuviel übrig bleiben, und das aus derselben ausgeschiedene Material, das die überwiegende Mehrzahl der bisherigen Trichome enthält, wäre eine rudis indigestaque moles, die jeder Klassification spottete. Ich glaube, die Uebersichtlichkeit gewinnt nicht dadurch, dass man eine Organ-Klasse scharf umschreibt, sie purificirt, wenn es nicht möglich ist, das aus derselben ausgeschiedene Material anderswo ohne Schwierigkeit unterzubringen. Desshalb: keine scharf umschriebenen Organ-Klassen, sondern nur Aufstellung von Grund-Typen, um welche sich die verschiedenen Gebilde zwanglos je nach ihrer grössern oder geringern Verwandtschaft mit denselben herum gruppiren.

Diese Erwägungen werden genügen, den Emergenzen ihren Platz unter den Trichomen anzuweisen, und um nicht in die Nothwendigkeit zu kommen, einen neuen Namen für die Dermatogen-Trichome zu bilden, halte ich es für zweckmässiger, auch den Namen Emergenzen fallen zu lassen und sie einfach unter dem Namen Periblem-Trichome den erstern an die Seite zu stellen.

Uhlworm bringt folgende Eintheilung der Trichome:

I. Die Anlage des Trichoms geht von einer Zelle der Epidermis aus.

II. Die Anlage des Trichoms geht von mehreren Zellen der Epidermis aus.

III. Die Anlage des Trichoms geht zunächst von einer Zelle des Dermatogens aus, secundär betheiligt sich auch das Periblem.

IV. Die Bildung des Trichoms geht von mehreren Zellen der Epidermis aus, das Periblem betheiligt sich erst secundär.

V. Die Anlage des Trichoms geht nur von einer oder mehreren Lagen des Periblems aus, und dasselbe führt im ausgebildeten Zustande nie Fibrovasal-Bündel.

VI. Die Anlage des Trichoms geht nur vom Periblem aus; die ausgewachsenen Formen führen Fibrovasal-Bündel.

Auch diese Eintheilung ist eine rein morphologische und nur eine weitere Ausführung der Rauter'schen. Die Kategorien I, III, V stimmen ganz genau mit Rauter's AI, AII und B überein. II, IV, VI sind Bereicherungen, die nur danach angethan sind, die Mannigfaligkeit der Entwicklung bei den Trichomen in das rechte Licht zu stellen, und mit den alten Vorurtheilen von der Anlage eines jeden Trichoms aus einer Epidermis-Zelle aufzuräumen. Uhlworm hat sich streng auf dem eingenommenen Gesichtspunkt gehalten, und liefert demgemäss eine vom morphologischen Standpunkte aus berechtigte Eintheilung. Ad II habe ich zu bemerken, dass es mir nicht gelungen ist, bei *Echium*, das Uhlworm nach Martinet als Beispiel für diesen

Fall citirt, eine hierzu passende Form zu finden; eher gehörten vielleicht die Köpfchen-Haare von *Aesculus Hippocastanum* hierher, wo das erste deutliche Anfangs-Stadium bereits dreizellig ist. Ob diese drei Zellen aus einer hervorgehen, ist mir noch zweifelhaft.

Suckow theilt die »Anhangs-Gebilde« der Pflanzen ein wie folgt:

Anhangs-Gebilde.

1) Haare: nur aus Zellen der Oberhaut resp. deren fortgesetzten Theilungen entsprungene Gebilde.
2) Stachelartige Bildungen: Solche Gebilde, an deren Aufbau sich ausser der Oberhaut noch das darunter liegende Parenchym betheiligt. Selten metamorphosirte Blatt-Gebilde.
   a) Weich-Stacheln: Biegsame Stacheln mit nicht erhärtender Zellhaut *(Solanum ferox, Ribes Grossularia).*
   b) Hart-Stacheln: Stechende Stacheln mit spröde werdender Zellhaut. Eigentliche Stacheln und Köpfchen-Stacheln. *Rosa, Rubus, Smilax, Cacteen.*
3) Dornen: Anhangs-Gebilde, die ausserdem mit Gefäss-Bündeln versehen sind. Meistens umgebildete Blätter oder Zweige.

Ueber diese Eintheilung seien nur wenige Worte gesagt. Welchen Begriff kann man mit dem Worte »Anhangs-Gebilde« verbinden, das Haare, Stacheln und Dornen unter sich vereinigt? Suckow hat hier morphologische und physiognomische Eintheilung ganz bunt durcheinandergewürfelt. S.'s Stacheln (Periblem-Stacheln z. Th.) und Dornen (Phyllom-Stacheln und Kaulom-Stacheln) sind Analoga; Stacheln und Haare sind Homologa; zwischen Dornen und Haaren besteht weder die geringste Analogie noch Homologie. Mit welchem Rechte kann Suckow diese drei Formen zusammenfassen? was haben sie Gemeinschaftliches? es sei denn, dass sie Anhangs-Gebilde am primären Sprosse sind. Aber dann gehören auch in diese Kategorie Schuppen, Ranken, Blätter, Blüthen-Theile, Knospen, Achsel-Sprosse, — kurz Alles, mit Ausnahme des primären Stammes selbst. Jede Eintheilung unterstellt stillschweigend, dass das Einzutheilende durch gemeinsame Merkmale verknüpft sei; Nebeneinanderstellung von Heterogenem ist, wie schon oben gesagt, keine Eintheilung.

Was die einzelnen Kategorien anbetrifft, so kann mir zunächst der Unterschied zwischen Weich-Stacheln und Hart-Stacheln nicht einleuchten; wenigstens besitzen die *Stachelbeeren* nicht weniger »stehende Stacheln«, als die *Rosen* und *Brombeeren*. Auch spricht es nicht für seine Eintheilung, dass unter den Stacheln Phyllom-Gebilde figuriren, während wir unter den Dornen Trichomen begegnen. Da Suckow selbst das Unzureichende dieser Eintheilung nach dem Vorhandensein oder Fehlen der Gefässe anerkennt, und nur aus Achtung vor dem hergebrachten Sprach-Gebrauch bis auf Weiteres diesen Namen beibehält, so kann ihm hieraus kein Vorwurf erwachsen; seiner Eintheilung jedoch muss man nach dem Gesagten jeden Werth absprechen.

Wenn wir aus der Betrachtung der Pflanzen-Stacheln die allgemeinen morphologischen Resultate eruiren, so können wir dieselben in folgende Sätze zusammenfassen:

1) Im Pflanzen-Reiche kann dieselbe Funktion Organen des verschiedensten morphologischen Werthes zukommen, und umgekehrt können morphologisch gleichwerthige Gebilde ganz verschiedenen Funktionen dienen.

2) Es giebt in der Natur keine scharfe Grenze zwischen Stamm-Gebilden, Blatt-Gebilden und Haar-Gebilden. Diese Begriffe sind nicht der Ausdruck von der Natur gegebener Kategorien, in welche jedes Organ hineinpassen muss, sondern sie sind von uns zum Zwecke der grössern Uebersichtlichkeit in die Natur hineingetragen; hieraus ergiebt sich:

3) Wir kommen dem wahren Sachverhalt viel näher durch Aufstellen gewisser Grund-Typen für die verschiedenen Organ-Gruppen, um welche sich die abweichenden Formen zwanglos anordnen lassen, als dadurch, dass wir uns bemühen, möglichst scharfe Grenzen um die einzelnen Formen-Kreise zu ziehen, die dennoch ausnahmslos von gewissen Formen durchbrochen werden.

Obige Sätze sind zwar nicht neu, vielmehr haben sich dieselben in den letzten Jahren immer mehr Geltung errungen. Da jedoch noch immer gegen dieselben Widerspruch erhoben wird, so mag es nicht zwecklos erscheinen, hier einen neuen Beleg für dieselben beigebracht zu haben.

Was den zweiten Satz anbetrifft, so könnte man dagegen einwenden, wie es schon Caspary Nitschke gegenüber gethan hatte, es sei nicht gestattet, von einzelnen Beobachtungen allgemeine Gesetze abzuleiten. Allein ich muss bemerken, dass es sich hier nicht um

Aufstellung eines neuen Natur-Gesetzes handelt, sondern nur um den Nachweis, dass ein vermeintliches Natur-Gesetz auf unberechtigter Verallgemeinerung von Verhältnissen beruht, die allerdings in den meisten Fällen zutreffen, denen aber das Charakteristische des Natur-Gesetzes, die Nothwendigkeit und die Allgemeinheit, abgehen. Und zu diesem Nachweise genügt eine einzige zweifellos constatirte Thatsache, die mit dem behaupteten Natur-Gesetze in Widerspruch steht.

Ohne weiter darauf eingehen zu können, will ich hier noch eben auf die Rolle hindeuten, welche die Stacheln bei der Beurtheilung der natürlichen Verwandtschaft und der etwaigen Abstammung der Pflanzen spielen könnten. Bei den Dikotylen finden wir kaum einen Fingerzeig, im Gegentheil sind die Formen hier so mannigfach und bei den nächsten Verwandten so abweichend, dass hier eine Zurückführung der einen Form auf die andere unmöglich wird. Im Gegentheil sind gerade die Rosifloren danach angethan, ein Hervorgehen desselben Gebildes von einem Ausgangspunkte aus als unmöglich hinzustellen. Die Stacheln sind hier bald Dermatogen-Trichome, bald Periblem-Trichome, bald Kaulome. Günstiger verhalten sich in dieser Hinsicht die *Monokotylen*. Hier haben wir eine Reihe von Formen, die sich allerdings zu einander verhalten wie Jugend-Zustände zu der vollendeten Form.

Die einfachste Form stellen die *Gramineen* und *Cyperaceen* dar; der Blattrand trägt Stacheln, die durch das Auswachsen einer Epidermis-Zelle entstanden sind, welche eine mehr oder weniger hakenförmige Gestalt annimmt.

Genau den gleichen Typus finden wir wieder bei den *Pandaneen*, nur etwas höher entwickelt. Der junge *Pandanus*-Stachel gleicht dem Gras-Stachel auf's Genaueste; später treten im Periblem unter seinem Grunde Theilungen auf, welche ihn über die Ebene der Epidermis hervorheben, wodurch seine Uebereinstimmung mit dem Gras-Stachel undeutlicher wird.

Ebenfalls vom gleichen Anfangs-Stadium, wie bei den *Gramineen* geht die Entwicklung der kleinen Stacheln von *Agave americana* aus; hier wird die dem Dermatogen entstammende Anlage mehrzellig. Ausser diesen Dermatogen-Stacheln finden sich auch Periblem-Stacheln.

Bei *Aloë* ist der Stachel eine Combination der beiden bei *Agave* nebeneinander vorkommenden Formen.

Bei *Smilax* haben wir reine Periblem-Stacheln.

Ganz ausserhalb dieser Reihe und auch ohne Beziehung zu einander sind die Stacheln der *Bromeliaceen* einerseits und andererseits die der *Palmen*. Ob es hier vermittelnde Gebilde giebt oder nicht, ist einstweilen nicht abzusehen.

Die obigen Verhältnisse erwähne ich, ohne mir eine Erklärung derselben zuzutrauen; ob sie bloss zufällige sind, oder ob sie einen tiefern Grund haben, mag die Zukunft zeigen.

Es erübrigt nun noch die Besprechung der Rolle, welche die Pflanzen-Stacheln in der Oekonomie der Natur spielen, also die teleologische[1]) Seite der Pflanzen-Stacheln.

In manchen Fällen springt der Zweck derselben sofort in die Augen. So sind dieselben bei *Humulus* und *Galium* Kletter-Organe, bei den *Cacteen* sind sie ohne Frage Waffen, bei einer grossen Anzahl von Früchten dienen sie der Verbreitung des Samens. Endlich haben bei einer Anzahl von krautartigen Pflanzen die Stachel-Borsten den Zweck, als feine gegen den Horizont gerichtete Spitzen in Folge ihrer durch die starke Wärme-Strahlung bedingten bedeutenden Abkühlung Nachts möglichst viel athmosphärischen Wasserdampf zu condensiren.

Für die grosse Mehrzahl der Pflanzen-Stacheln jedoch genügt eine derartige Erklärung nicht, und von diesen müssen wir bekennen, dass wir einen direkten Nutzen derselben für die Pflanze nicht einsehen können.

Verfasser hat desshalb in seiner Dissertation den Versuch gemacht, Beziehungen zwischen den Stacheln und den insektenfressenden Vögeln zu finden, ähnlich den von Sprengel und nach ihm von Darwin zwischen den Blüthenpflanzen und den Insekten constatirten[2]). Ohne seinen dort geäusserten Ansichten unanfechtbare Gewissheit vindiciren zu wollen, kann Verfasser dieselben nur aufrecht erhalten, freilich einstweilen nur als eine Hypothese, aber als eine durch so viele That-

---

[1]) Ich kann nicht umhin, hier beiläufig einen Druckfehler in meiner Dissertation zu verbessern, wo »theologisch« statt »teleologisch« gesetzt ist. Selbstverständlich soll es heissen teleologisch.

[2]) Bezüglich der weitern Ausführung dieser Idee, die hier nicht weitläufig erörtert werden konnte, sei auf die erwähnte frühere Arbeit des Verfassers hingewiesen, pag. 37 ff. Beiläufig sei bemerkt, dass ich nachträglich auch bei Mirbel ähnliche Ansichten über den Zweck der Stacheln ausgesprochen fand.

sachen gestützte Hypothese, dass er daran festhalten zu dürfen glaubt, bis eine andere bessere Erklärung für den Zweck dieser Gebilde gefunden ist. Denn zwecklos sind sie nicht; eine solche Annahme ist mit keiner wissenschaftlichen Anschauung zu vereinigen. Es ist ebenso unmöglich anzunehmen, dass ein denkender Schöpfer zwecklose Gebilde geschaffen habe, als es unmöglich ist, dass sich im Kampfe ums Dasein Organe vererbt hätten, die, selbst bedeutungslos für die Erhaltung der Art, auf Kosten von Organen gebildet wären, die für die Pflanze vom grössten Nutzen sind; es ist nicht möglich dass eine Missbildung, welche die wesentlichsten Organe funktionsunfähig macht, sich erhalten kann im Kampfe um's Dasein, wenn sie nicht selbst eine Rolle in diesem Kampfe spielt.

Erklärung der Abbildungen.

Tafel 1.

Fig. 1. Fertiger Dermatogen-Stachel von *Scirpus Duvalii.*
„ 2. „ „ „ „ *Scirpus compressus.*
„ 3. „ „ „ „ *Scirpus silvaticus.*
„ 4. „ „ „ „ *Eriophorum alpinum.*
„ 5. „ „ „ „ *Eriophorum polystachium.*
„ 6. „ „ „ „ *Carex cyperoides.*
„ 7. Junge Dermatogen-Stacheln von *Carex acutiformis.*
„ 8. Fertige „ „ „ „ „
„ 9. „ „ „ „ *Panicum glabrum.*
„ 10. „ „ „ „ *Alopecurus pratensis.*
„ 11. „ „ „ „ *Cynodon Dactylon.*
„ 12. „ „ „ „ *Triticum vulgare.*
„ 13. Junge „ „ „ *Glyceria aquatica.*
„ 14. Fertige „ „ „ „ „
„ 15 und 16. Stachel-Entwicklung von *Galium Aparine.*
„ 17. Fertige Trichom-Stacheln von *Asperula odorata.*
„ 18 und 19. Stachel-Entwicklung von *Cornus mas.*
„ 20—22. „ „ „ *Stellaria Holostea.*
„ 23. Fertiger Stachel von *Cerastium semidecandrum.*
„ 24—29. Stachel-Entwicklung von *Galeopsis Tetrahit.*
„ 30. Wollhaar von *Salvia pratensis.*
„ 31—40. Entwicklung der vielzelligen Dermatogen-Stacheln von *Papaver Rhoeas.*
„ 41—44. Entwicklung der Stacheln von *Chamaerops humilis.*

Tafel 2.

Fig. 45 — 48. Entwicklung der Stacheln von *Chamaerops humilis.*
(Fig. 41—44 Entstehung des Haarschopfes; Fig. 45 Borste; Fig. 46 und 47 Basis der abgebrochenen Borste; Fig. 48 halb erwachsener Stachel.)

„ 49—53. Entwicklung des vielzelligen Dermatogen-Stachels von *Rubus fruticosus.*

„ 54—58. Stachel-Entwicklung von *Rubus caesius.*

„ 59. Längsschnitt durch den obern Theil des Stachels von „ „

„ 60. Längsschnitt durch den untern Theil des Stachels von „ „

„ 61. Längsschnitt durch die Ansatz-Stelle des Stachels von „ „

„ 62. Fertige Stachel-Borste von *Lithospermum arvense.*

„ 63. „ „ „ „ *Pulmonaria officinalis.*

„ 64. „ „ „ „ *Echium vulgare* (Stengel)

„ 65. „ „ „ „ *Onosma arenarium.*

„ 66. „ „ „ „ *Symphytum officinale.*

„ 67. „ „ „ „ *Anchusa arvensis.*

„ 68. Stachel-Borste von „ „ mit gefässführendem »mamelon«.

„ 69. Junger Stachel von *Solanum robustum.*

Tafel 3.

Fig. 70. Aelterer Stachel von *Solanum robustum.*

„ 71 — 74. Verschiedene Entwicklungs-Stadien des Stachels von *Erythrina spinosissima.*

„ 75—80. Entwicklung des Stachels von *Rosa.*

„ 81 u. 82. Entwicklung des Internodien-Stachels von *Ribes Grossularia.*

„ 83. Junger Wirtel-Stachel von „ „

„ 84. Halbfertiger Stachel von *Smilax aspera.*

„ 85 u. 86. Entwicklung des Stachels von *Acacia acanthocarpa.*
(Fig. 85 Längsschnitt, Fig. 86 Oberflächen-Ansicht.)

„ 87 u. 88. Entwicklung des Stachels von *Aralia canescens.*

Fig. 89 u. 90. Entwicklung des Köpfchen-Haars von *Rubus fruticosus.*
„ 91—94. „ „ „ „ „ *Rubus caesius.*
„ 95—104. „ „ „ „ „ *Rosa.*
(Fig. 95 die Mutter-Zelle des periblematischen Kerns bleibt einfach; Fig. 96 — 99 dieselbe wird gleich anfangs zweigetheilt; Fig. 100 — 103 dieselbe wird gleich anfangs dreigetheilt; Fig. 104 Querschnitt a) durch den Stiel b) durch das Köpfchen.)

Tafel 4.

Fig. 105—108. Entwicklung des Köpfchen-Haars von *Ribes rubrum.*
„ 109 u. 110. Entwicklung des Köpfchen-Haars von *Ribes Grossularia.*
„ 111—114. Entwicklung des Köpfchen-Haars von *Aesculus Hippocastanum.*
„ 115 u. 116. Querschnitte des Stengels von *Ribes Grossularia.* Erstes Auftreten der Stacheln an der Blatt-Basis.
„ 117. Vegetations-Spitze von *Acacia horrida,* quergeschnitten; es ist noch keine Spur von den Stacheln vorhanden.
„ 118. Vegetations-Spitze von *Acacia acanthocarpa,* quergeschnitten; jede Blatt-Anlage differenzirt sich in Haupt-Blatt und Neben-Blätter.
„ 119. Auftreten des Stachels am Blatt-Grunde von *Acacia acanthocarpa.*
„ 120. Fertiger Stachel von *Acacia acanthocarpa.*
„ 121. Vegetations-Spitze einer *Opuntia,* längsgeschnitten.
„ 122. „ „ von *Opuntia cylindrica.*
„ 123. „ „ „ *Opuntia parvula.*
„ 124. „ „ „ *Cereus flagelliformis.*
„ 125. „ „ „ *Echinopsis oxygona.*
„ 126. Blatt mit Achsel-Knospe von *Opuntia cylindrica.*
„ 127 u. 128. Vegetations-Spitzen von *Mammillaria multiceps.*
„ 129. Schema für die Stellung der Stacheln bei *Opuntia.*
„ 130. Schema für die Stellung der Stacheln bei *Echinopsis.*

Fig. 131 u. 132. Vegetations-Punkt der Achsel-Knospe, Stacheln bildend, im Längsschnitt von *Opuntia*.

„ 133. Aeltere stachelbildende Knospe von *Opuntia parvula*.

„ 134. Kork-Kambium unter den Stacheln von *Echinopsis oxygona*.

„ 135. Entstehung der Stipular-Stacheln von *Acacia armata*, Querschnitt durch die Vegetations-Spitze.

„ 136. Entstehung d. Stipular-Stacheln v. *Robinia Pseudo-Acacia*.

„ 137. „ „ „ „ „ *Euphorbia splendens*.

„ 138. „ „ „ „ „ „ *trigona*.

„ 139—141. Entstehung des Blattzahn-Stachels von *Pandanus gramineus*.

Tafel 5.

Fig. 142—146. Entwicklung des Blattzahn-Stachels von *Hohenbergia*.

„ 147. Entwicklung des periblematischen Blattzahn-Stachels von *Agave americana*.

„ 148—150. Entwicklung des dem Dermatogen angehörigen Blattzahn-Stachels von *Agave americana*.

„ 151—153. Entwicklung des Blattzahn-Stachels von *Lomatophyllum macrum*.

„ 154. Fertiger Blattzahn-Stachel von *Aloe arborescens*.

„ 155—158. Entwicklung des Blattzahn-Stachels von *Castanea vesca*.

„ 159 u. 160. Entwicklung des Blattzahn-Stachels von *Ilex aquifolium*.

„ 161. Vegetations-Spitze von *Cirsium lanceolatum* quergeschnitten.

„ 162. „ „ „ „ „ längsgeschnitten.

„ 163. Junger Stachel von „ „ „

„ 164. Vegetations-Spitze von *Berberis asiatica* quergeschnitten.

„ 165. „ „ „ „ „ längsgeschnitten.

„ 166. Vegetations-Spitze eines Stachels von *Ononis spinosa*.

„ 167 u. 168. „ „ „ „ „ *Citrus vulgaris*.

In Fig. 167 ist der Stachel nicht in die Länge gestreckt. (vgl. Text.)

Tafel 6.

Fig. 169 — 173. Verschiedene Entwicklungs-Stufen des Stachels von *Crataegus crus galli*, schwach vergrössert.

Fig. 174. Stachel, auf seiner Spitze einen neuen Vegetations-Punkt bildend, schwach vergrössert.

„ 175. Vegetations-Spitze von Fig. 169, stärker vergrössert.

„ 176. Vegetations-Spitze von Fig. 171, stärker vergrössert.

„ 177. „ „ „ „ 173, „ „

„ 178. „ „ „ „ 174, „ „

„ 179—182. Entwicklung des Stachels von *Genista germanica.*

„ 183 u. 184. „ „ „ „ *Gleditschia triacanthos.*

„ 185 u. 186. Spitze und Achsel-Knospen längsgeschnitten von *Celastrus pyracantha.*

„ 187. Spitze und Achsel-Knospen von *Celastrus pyracantha* quergeschnitten.

„ 188. Längsschnitt durch die verdornende Spitze von *Colletia cruciata.*

Druck von Carl Georgi in Bonn.

C. Delbrouck del. Lith. Anst. v. A. Henry, Bonn

Taf. 2.

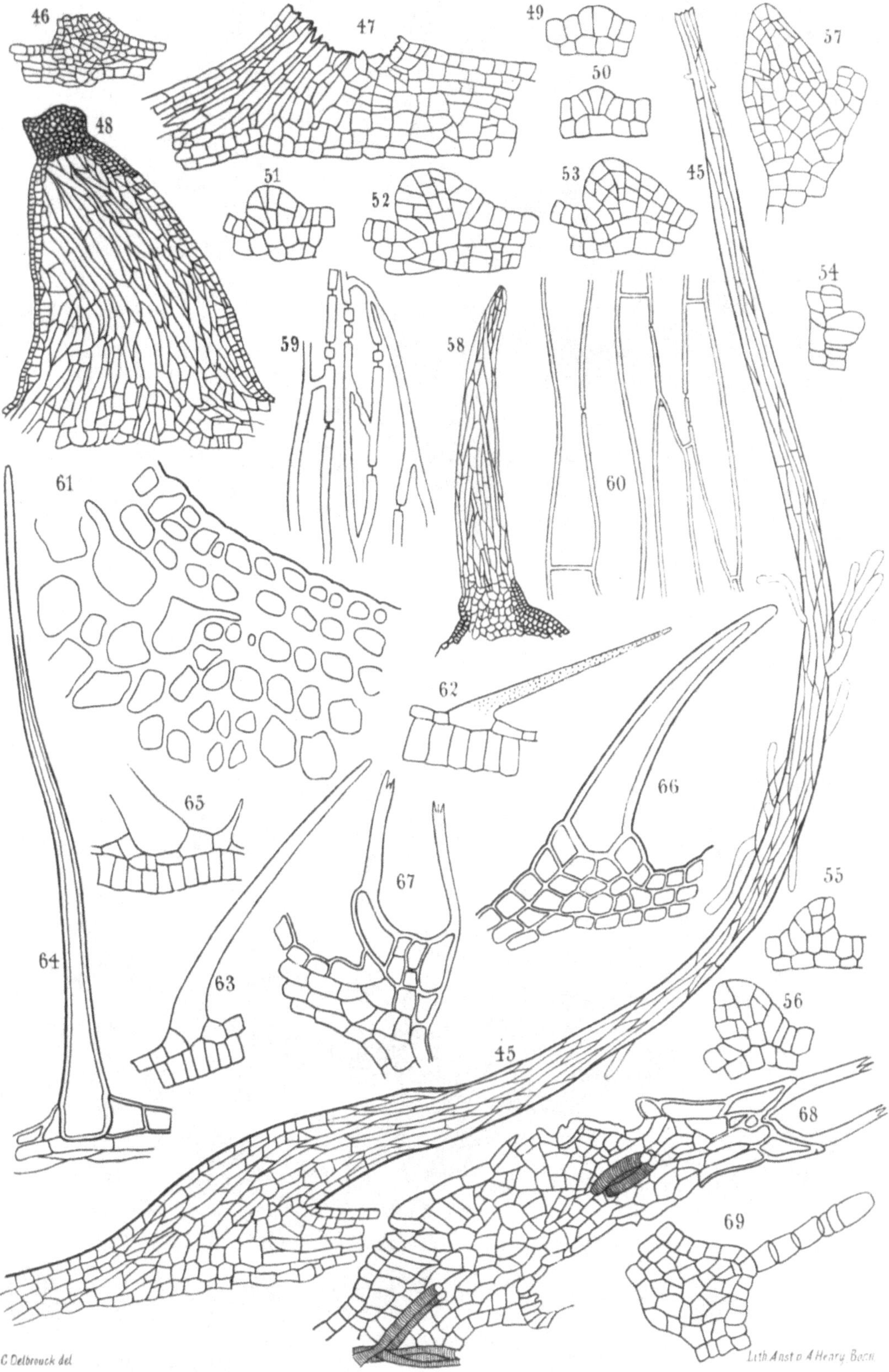

C. Delbrouck del.

Lith. Anst. v. A. Henry, Bonn.

Taf. 3.

C. Delbrouck del.

Lith. Inst. v. A. Henry in Bonn

C. Delbrouck del.

Lith. Inst. v. A. Henry i. Bonn

Taf. 5.

C. Delbrouck del.

Lith. Inst. v. A. Henry in Bonn.

Taf. 6.

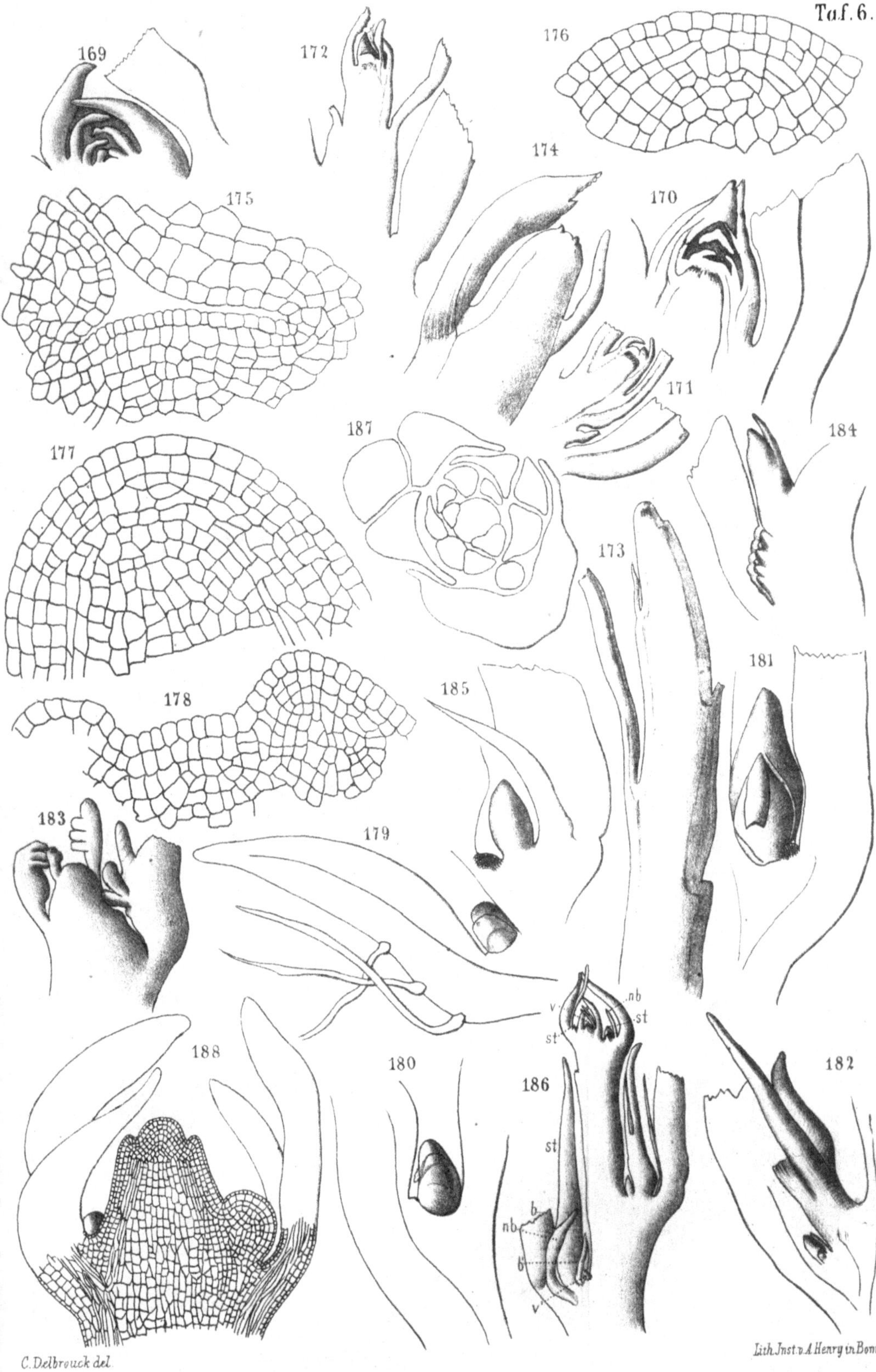

C. Delbrouck del.

Lith. Inst. v. A. Henry in Bonn.

FSC
www.fsc.org
MIX
Papier | Fördert gute Waldnutzung
FSC® C083411

Zeitfracht Medien GmbH
Ferdinand-Jühlke-Straße 7
99095 Erfurt, Deutschland
produktsicherheit@kolibri360.de